EUBLEPHARIS MACULARIUS

レオパ

飼育バイブル

専門家が教える

ヒョウモントカゲモドキ暮らし
55のポイント

はじめに

レオパはペットして、とても魅力的な生き物です。

コンパクトなスペースで飼うことができますし、大きな鳴き声をあげないので近隣の方に迷惑をかける心配もほとんどありません。健康面でも爬虫類のなかでは丈夫な種といわれています。カラーバリエーションも豊富で、それも人気の要因の一つとなっています。より美しいカラーを求めて、自宅で繁殖をする飼育者も少なくありません。

レオパはとくに最近、飼育する方が増えていて、「爬虫類は苦手」というイメージが強い女性にも人気になっています。

私は神奈川県横浜市で爬虫類や両生類を取り扱う『アクアマイティー』というショップを経営していますが、そのショップにも毎週のようにレオパのエサであるコオロギを買いにくる女性のお客様がいます。その方は高校生の頃からお見えになっているのですが、当時は大学受験を控えていて、「大学に合格したらレオパを買ってもらえる」という約束を親御さんとしていたようです。私のショップにお気に入りのレオパの子どもがいて、受験が終わるまで預かっていたのを覚えています。「レオパを飼いたい」という思いのおかげかはわかりませんが、その方はみごとに大学に合格し、輝くような笑顔でレオパを迎えにきました。

その方は社会人になった今もレオパとともに暮らしていて、私のショップとも長いお付き合いになっています。レオパの平均寿命は10年くらいなので、きっと、まだこの関係は続くと思います。

ただ、「10年」という数値はあくまでも平均であって、なかにはもっと長生きする個体もいれば、短命のものもいます。

もともとの健康状態も関係しているとは思いますが、「どれだけレオパが長生きするか」という問題に大きく関わるのが飼育方法です。

誤った方法で飼育すると、ときにレオパの寿命を縮めてしまうこともあります。適切な飼育をするために、とくに意識したいのはしっかりと飼育用の設備を整えることです。レオパは飼育に必要な器具が少ないのも魅力の一つなので、あまり飼育者の負担にはならないでしょう。

　ポイントは事前に準備しておくことです。例えば冬の寒さ対策として必要な保温器具について、「寒くなったら、そろえればよい」と思っていると、ある日、急に気温が下がったときに対応できません。

　また、レオパとの楽しみである、コミュニケーションのためのハンドリング（レオパを手で扱うこと）も注意が必要です。もちろん個体差があり、ハンドリングがあまりストレスにならない個体もいますし、「せっかく飼うのだからレオパと触れ合いたい」という気持ちはよくわかります。ハンドリングは適度に行なうぶんには問題ありませんが、度をすぎるとレオパのストレスになることも考えられます。とくに、食事の前後は要注意で、食前は食欲が減退するおそれがあり、食後は食べたものを戻してしまう可能性があります。

　ほかにも知っておきたい飼育のポイントはありますが、どれも難しいものではありません。

　本書はショップのお客様からよく質問をいただく疑問の答えとともに、レオパの飼育に関する情報をまとめました。素敵なレオパとの生活を送るために、お役に立てば幸いです。

アクアマイティー　宮崎　剛

CONTENTS

第1章 もっとレオパと快適に暮らすために

第3章● レオパとのベストな暮らしのポイント

第4章 ● レオパの健康を確認しよう

第5章● レオパの家族を増やしたい

本書の見方

本書はレオパの適切な飼育法をテーマごとに紹介しています。
ポイントはもちろん、よくやってしまいがちなNGを確認し、
素敵なレオパとの暮らしを楽しみましょう。

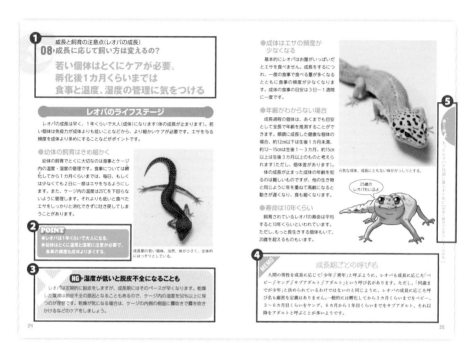

❶各ページのテーマ

飼育者がよく感じる疑問や目的と、それに対する答え。具体的な内容はそのページ内の本文や写真、イラストなどで紹介しています。

❷POINT（ポイント）

そのページで紹介している内容のポイントを簡潔にまとめたもの。本書で紹介している内容を、あらためて確認したい際には、こちらをチェックするとよいでしょう。

❸NG（エヌジー）

よくやってしまいがちなNGです。このようなことをしてしまわないように気をつけましょう。

❹MEMO（メモ）

そのページで紹介している内容に関連した、レオパの飼育に役立つ情報です。レオパのことを、さらに詳しく知ることは、自分なりの適切な飼育方法の発見に役立つでしょう。

❺簡易インデックス

すべてのページについています。レオパの飼育についての知りたい内容の検索にご利用ください。

第1章

もっとレオパと
快適に暮らすために

レオパの生き物としての特徴を知ることは
レオパにすごしやすい環境を
提供してあげられることに役立ちます。
それはレオパと快適に暮らすための大切な要素です。

01 ▶ 今の飼い方、合っているかな…

小さすぎるケージはNG。ケージ内には身を隠すためのシェルターをセットする

適切な飼育スペース

コンパクトなスペースで飼育できるのもレオパの魅力の一つです。もちろん、ケージ(飼育する容器)は大きいほうがレオパに与えるストレスは小さいですが、そこには飼い主側の飼育環境の問題なども関係します。最低限でもどれくらいの大きさが必要かというと、成体であれば縦30cm×横40cm×高さ20cmくらいのケージを目安に考えるとよいでしょう。

POINT

●成体を飼育するケージの大きさは最低でも縦30cm×横40cm×高さ20cmくらい。

NG ▶ 小さすぎるケージはストレスを与える

基本的にケージは爬虫類用のものを選ぶとよいでしょう。購入時にショップでスタッフに相談する際には「爬虫類用」という漠然とした表現ではなく、しっかりとレオパを飼育するためのものであることを伝えましょう。ひと口に爬虫類用といってもさまざまなケージが市販されていて、小型のカメ用のもののように小さいケージもあります。あまりに小さいケージではレオパの活動範囲が過度に制限されてしまい、ストレスを与えることになってしまいます。

左のケージがレオパの飼育に適した大きさのもの。右のケージはそれよりも小さく、レオパには適さない。

特徴と飼育に必要な器具

レオパはパキスタンやイランといった西アジアの荒野などの乾燥地に生息しています。性質としては夜行性で日中は岩陰などに潜んでいます。そのため、シェルターと呼ばれる身を潜めるためのものが必要になります。

基本的に日中はそのシェルターのなかで寝ていることが多いのですが、もともとは夜行性のため、「昼間、ずっと寝ている…」といって心配する必要はあまりありません。体調の管理については、食欲などを基準に考え、例えば食欲が落ちてきたら体調を崩していると考えます。

●立体的なアイテムは必要に応じる

レオパは足に吸盤がなく、ガラスのようにツルツルした壁面を登ることはできません。自然環境下でも平面的な移動が多く、エサをとるために木に登ることはほとんどありません。ですので、カメレオンなどの他の爬虫類と違い、ケージ内に立体的なアイテムを置く必要はありません。ただし、そのようなアイテムがあるとケージ内が見た目に美しくなることもあるので、ケージ内のスペースや好みなどに応じて配置しましょう。

立体的なアイテムを置いても、それに登ることはほとんどない。

MEMO レオパは愛称

レオパの正式な種の名前はヒョウモントカゲモドキといいます。レオパは愛称で英名のレオパードゲッコー(Leopard Gecko)に由来しています。レオパードはヒョウ(豹)、ゲッコーはヤモリという意味で、ヒョウは特徴的なレオパの模様を表しています。

02 ▶足の付け根の窪みが気になる…

レオパのほとんどの個体の
足の付け根には
腋下ポケットと呼ばれる窪みがある

体のつくり

「手はものをつかむため」「足は移動するためのもの」というように私たち人間の体の各部位には役割があり、それに応じた仕組みをしています。これはレオパにも共通していて、体の特徴を知ることはレオパの適切な飼育にも役立ちます。

頭部
やや平たい。口が大きく、大きめのエサも食べられる

体表
いろいろなカラーの個体がいる。表面はウロコで覆われていて、定期的に脱皮する

指
小さい手には5本の指が生えている

足
平面的な移動が多いので、体を支えられるようにガッシリとしたつくりをしている

尾
太い尾がレオパの大きな特徴の一つ

知っておきたい特徴

レオパの足の付け根には窪みがあります。これは腋下ポケット（えきか）と呼ばれていて、多くの個体に見られるレオパの特徴の一つです。この窪みがなく、むしろ膨らんでいるようであれば、その個体は、肥満気味の可能性もあります。

腋下ポケットは多くの固体に見られるレオパの特徴の一つ。

腋下ポケット

●健康チェックは指まで行う

指の先にはツメが生えています。このツメは自然環境下で地面を掘る際などに役立ちます。レオパは脱皮をしますが、脱皮したあとの皮が指に残ることがあります。そのままにしておくと、血行が悪くなり、指が壊死（えし）してしまうことも。健康チェックは指も行ないましょう。

POINT
- ●足の付け根の窪みはレオパの特徴の一つである。
- ●健康チェックでは指先も確認する。

MEMO
レオパは鳴く!?

レオパは大きな口をしていますが、鳴くことはほとんどありません。ただし、危険を感じて相手を威嚇するときや、驚いたときには「ギャッ」と声を上げることがあります。とくに幼いときには、そのような声を上げることが多いようです。レオパにとっては非常事態なので、そのような状況にならないように気をつけましょう。

03▸音や匂いには敏感なの？

レオパは音に反応するので
驚かすような
大きな音は出さないように気をつける

顔のつくりと特徴

鼻

目

耳

レオパは顔が大きいのが特徴の一つです。とくに印象的なのが大きな目です。

目……瞳は明るいときには細くなり、暗いと広がる。

鼻……穴があって、匂いを嗅ぎわけられると考えられている。

耳……耳の穴の奥のほうには鼓膜がある。

レオパの目にはマブタがあります。当たり前のことのように思うかもしれませんが、近い仲間のニホンヤモリなどにはマブタがありません（レオパとニホンヤモリは分類されている属は異なります）。マブタがあるレオパは、私たち人間と同じように寝るときには目を閉じます。

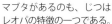
マブタがあるのも、じつは
レオパの特徴の一つである。

●口のなかには細かい歯が生えている

レオパの口のなかには、たくさんの細かい歯が生えています。威嚇や攻撃のために噛むことはあまりありませんが、食事のときなどに誤って飼い主の指などを噛む可能性はあります。飼い主にしてみると、噛まれたにしても大きなケガにならないことがほとんどですが、噛まれたことに驚いて急な反応をすると、思わぬアクシデントにつながることもあるので注意が必要です。なお、飼い主の指などを噛んで離さない場合は、無理に引きはがそうとしないで、レオパが放すのを待ちます。

●レオパの五感に合わせて工夫する

本来、夜行性のレオパは暗いところでも不自由なく動き回ることができ、エサを見つけることができます。

聴覚については、レオパは耳があり、音に反応します。突然、大きな音を出すと驚かせてしまうことになるので、できるだけ、そのようなことがないように心がけましょう。嗅覚については、例えば繁殖時にメスをオスのケージに入れると、メスをもとのケージに戻したあともメスの臭いが残るためか、オスはしばらく興奮状態が続くこともあるので、しっかりと嗅ぎわけられると推測されます。

POINT
- ●レオパは暗いところでもエサを見つけられる。
- ●音に反応するので、驚かすような大きな音は出さないように気をつける。

レオパは夜行性なので、夜、部屋の明かりを消したあとに動き出すこともある。

耳を閉じることができる

レオパの外耳道（耳の穴から鼓膜までの管状の器官）は短く、人間と違って外から鼓膜が見えます。レオパはこの外耳道を閉じることができます。

04▶尻尾が細くなったけれど…

尾は栄養分の貯蔵庫で、
太い尾は健康の証。
以前よりも細くなってきたら注意が必要

尾の役割

レオパの特徴の一つは尾が太いことです。そのなかには脂肪が蓄えられています。レオパは自然環境下でエサがとれないときには、この脂肪を使って耐えしのぎます。そのため、尾は健康状態のバラメーターになります。尾が太いということは、しっかりとエサを食べていて十分な栄養分が蓄えられているということ。健康な個体は太い尾をしています。とくに以前よりも尾が細くなったという場合は注意が必要です。体調を崩している可能性が低くありません。

健康な個体の目安は尾の太さが首の太さと同じくらい

POINT
◉尾が細くなったら体調を崩している可能性がある。

MEMO
尾にも個体差がある

痩せ気味の体型の人がいれば、少しポッチャリとした体型の人がいるように、レオパの体型にも個性があります。尾が他の個体より細いからといって、それが必ずしも体調を崩している証拠とは限りません。とくに成長途中の若い固体は尾が細いことが少なくありません。

若い個体は尾が細い傾向がある。

●尾を自分で切ってしまうことがある

「トカゲの尻尾切り」という言葉がありますが、爬虫類には、外敵に襲われて身の危険を感じたときに自分の足や尾を切り捨てる行動をとる種がいます。外敵が切り捨てた部位に注意を向けているあいだに逃げるというわけです。この行為を自切といい、レオパも自切を行ない、尾を自分で切ることがあります。

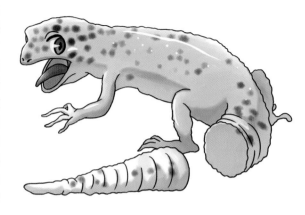

■飼育時の注意点

飼育しているレオパが自切をしてしまうケースとしては以下のようなことが考えられます。

レオパにとって、自切は非常事態のときに行なう行動ですので、そのようなことがないように注意しましょう。

●ケージから出すときやハンドリング（80ページ）のときに尾を強く引っ張ってしまう。
●ケージのフタの開閉時などに尾を挟んでしまう。
●突然、大きな音を出すなど、レオパが極度に驚くような強い刺激を与えてしまう。

■切ってしまった場合の対応

「自切をすることがある」ということは、それをしても命には問題がない体のつくりをしているということでもあります。

ですので、切り口を消毒するなど、飼い主が治療をする必要はありません。

ただし、栄養分の貯蔵庫の役割を果たしている尾がなくなってしまったということですので、それまでよりもエサをこまめに与えるなど、十分な栄養補給ができるようにケアしてあげましょう。

■切れたあと

切れたあとには、また尾が生えてきます。この新しい尾は「再生尾」といいます。

再生尾はもともと生えていた尾とは少し形が違い、やや短く、先端は丸みを帯びています。また、カラーや模様も、それまでのものとは異なったものになります。

05▶我が家のレオパの性別は?

オスはメスと違い、後ろ足付近にアーチ状のライン、尾の付け根付近に二つの膨らみがある

オスとメスの見分け方

　レオパの性別は腹側の後ろ足付近の違いで見分けることができます。オスにはアーチ状のラインがあり、尾の付け根に二つのコブがあります。

オス

メス

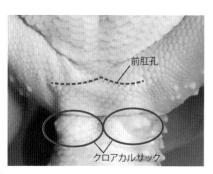

前肛孔

クロアカルサック

　オスのV字状のラインは「前肛孔（ぜんこうこう）」という部位です。また、二つのコブ状の膨らみは「クロアカルサック」と呼ばれ、このなかには「ヘミペニス」という生殖器官が収納されています。

POINT
●レオパの性別は腹側の後ろ足付近で見分け、オスにはアーチ状のラインがある。

06▶メスはオスより優しい？

性差は少ないが
レオパにも顔や性格に個性はある。
個性に応じて飼育方法を工夫しよう

体の個体差

他の動物と同じようにレオパにも個体差があります。顔にも個々の特徴があり、新しいレオパを迎え入れる際の判断材料とする人もいるようです。性差もあり、一般的にはオスのほうがメスよりも体が大きくてスリム、頭はエラが張ります。ただし、個体差も大きく、体や顔で性別を見分けるのは難しいでしょう。

オス

メス

性格の個体差

レオパは性格にも個体差があります。「親がおとなしければ子もおとなしい」というように血統による傾向があるようですが、正確に実証されているわけではありません。一般的には性別による違いもないとされています。

NG▶「こうだから」と決めつけない

とくにレオパの個性があらわれるのは食事についてです。なかにはエサとしてポピュラーなコオロギをあまり食べず、他のエサを好む個体もいます。そのような場合は個体に応じて対応すること。「他のレオパはこうだから」と決めつけるのではなく、必要に応じて個性にそって飼い方を工夫しましょう。

07 うちの子は大きい？

個体差があるが体重は40〜80gくらい。レオパが動いて体重を測りにくければカップなどを利用する

体の大きさ

　レオパの体の大きさを表す言葉には「全長」と「体長」があります。全長は尾を入れた体の大きさ、体長は尾を含めない体の大きさです。成体の平均的な体の大きさは全長18〜25cmくらいです。

体長

全長

体重

　レオパの体重は個体差が大きく、成体で40〜80gくらいです（オスのほうが大きくて重たい傾向があります）。

　レオパは体調を崩すと、食欲がなくなり、痩せていきます。18ページで紹介したように、その変化は尾の状態で知ることがきますが、定期的に体重を測ると、数値で知ることができます。

　また、若い頃から飼う場合は、定期的に体重を測ることによって、レオパが元気に成長していく様子を実感することができます。

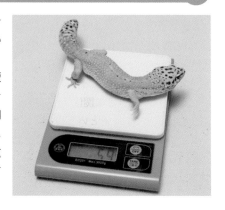

NG ▶無理に体重を測ろうとしない

　大切なレオパは健康に長生きをしてほしいもの。そのためには、できるだけストレスを与えないようにすることもポイントです。レオパの健康のために体重を測るのに、それがストレスになってしまっては元も子もありません。

　落ち着いた状態であれば、そのまま はかり に乗せて体重を測ることができますが、少し興奮気味の状態であったり、ジッとしていることが苦手な性格の個体はスムーズに体重を測ることができません。そのような場合には無理に はかり の上に留めようとしないこと。レオパのストレスになってしまう可能性があります。レオパを一時的に収めることができるカップなどを使うとよいでしょう。

体重を測るためにレオパを無理に はかり に留めようとするとストレスを与えてしまう可能性がある。

レオパを一時的に収めるカップなどを利用すると無理なく体重を測ることができる。

MEMO　体の大きな品種もある

　現在、ペットとして飼育されているレオパの多くは、人工的に繁殖されたものです。主に体のカラーによって、さまざまな品種に分類されていますが、大きさに関係する分類もあります。それがジャイアントという品種で、体が大きいことが特徴です。ジャイアントは生まれてから1年経過したときの体重でオスは80〜100g、メスは60〜90gが基準となるとされています。

POINT

- ●レオパの成体の全長は18〜25㎝、体重は40〜80gくらい。
- ●体重を測りにくい場合はカップなどを利用する。

第1章　もっとレオパと快適に暮らすために【体のつくりと飼育の注意点（体の大きさ）】

08▸成長に応じて飼い方は変えるの？

若い個体はとくにケアが必要。
孵化後1カ月くらいまでは
食事と温度、湿度の管理に気をつける

レオパのライフステージ

　レオパの成長は早く、1年くらいで大人（成体）になります（体の成長が止まります）。若い個体は免疫力が成体よりも低いことなどから、より細かいケアが必要です。エサを与る頻度を成体より多めにすることなどがポイントです。

●幼体の飼育はきめ細かく

　幼体の飼育でとくに大切なのは食事とケージ内の温度・湿度の管理です。食事については孵化してから1カ月くらいまでは、毎日、もしくは少なくても2日に一度はエサを与えるようにします。また、ケージ内の温度は25℃を下回らないように管理します。それよりも低いと食べたエサをしっかりと消化できずに吐き戻してしまうことがあります。

成長期の若い個体。当然、体が小さく、全体的にほっそりとしている。

POINT
◉レオパは1年くらいで大人になる。
◉幼体はとくに温度と湿度に注意が必要で、食事の頻度も成体より多くする。

NG▸湿度が低いと脱皮不全になることも

　レオパは定期的に脱皮をしますが、成長期にはそのペースが早くなります。乾燥した環境は脱皮不全の原因となることもあるので、ケージ内の湿度を50％以上に保つのが基本です。乾燥が気になる場合は、ケージの内側の側面に霧吹きで霧を吹きかけるなどのケアをしましょう。

●成体はエサの頻度が少なくなる

基本的にレオパはお腹がいっぱいだとエサを食べません。成長をするにつれ、一度の食事で食べる量が多くなるとともに食事の頻度が少なくなります。成体の食事の目安は3日〜1週間に一度です。

●年齢がわからない場合

成長過程の個体は、あくまでも目安として全長で年齢を推測することができます。順調に成長した健康な個体の場合、約12㎝以下は生後1カ月未満、約12〜15㎝は生後1〜3カ月、約15㎝以上は生後3カ月以上のものと考えられます（ただし、個体差があります）。

体の成長が止まった成体の年齢を知るのは難しいものですが、他の生き物と同じように年を重ねて高齢になると動きが遅くなり、食も細くなります。

●寿命は10年くらい

飼育されているレオパの寿命は平均すると10年くらいといわれています。ただし、もっと長生きする個体もいて、20歳を超えるものもいます。

元気な成体。成長にともない体ががっしりとする。

25歳のレオパもいるよ

MEMO

成長期ごとの呼び名

人間の男性を成長に応じて「少年」「青年」と呼ぶように、レオパも成長に応じた「ベビー」「ヤング」「サブアダルト」「アダルト」という呼び名があります。ただし、「何歳までが少年」と決められているわけではないのと同じように、レオパの成長に応じた呼び名も厳密な定義はありません。一般的には孵化してから3カ月くらいまでをベビー、3〜6カ月目くらいをヤング、6カ月から1年目くらいまでをサブアダルト、それ以降をアダルトと呼ぶことが多いようです。

09 ▶ 脱皮の周期はどれくらい?

個体差が大きいが、脱皮の目安は2週間〜1カ月に一度、2〜3日かけて行う

レオパにとっての脱皮

体が大きくなる成長時はもちろん、成長が止まってからもレオパは脱皮します。これは新陳代謝とともに体についた垢やダニなどを落とすためと考えられています。

脱皮はレオパの健康に関わる大切な要素です。基本的にレオパは脱皮をすると、剥けた古い皮を食べますが、食べ残すようなら、食欲が減退していて、体調を崩している可能性があります。また、脱皮した皮が体についたままだと、乾燥してその部位を締め付け、そこが壊死してしまう可能性があります。90ページで詳しく説明しますが、体についている皮は取り除きます。

● 脱皮は2週間に一度

レオパの脱皮の頻度は個体差が大きく、成体の場合、多いものでは2週間に一度、少ないものでは1カ月に一度くらいです。

● 湿度を保って脱皮不全を防ぐ

飼育ケージ内の湿度があまりに低く、乾燥していると、古い皮をうまく剥がすことができません。24ページでも紹介したように、とくに若い個体は注意が必要ですが、これは成体にも共通しています。

また、食事についても、栄養バランスの悪い食事は脱皮不全をへとつながることがあるようです（食事については62ページ〜）。

POINT

● 成体の脱皮の頻度は2週間〜1カ月に一度くらい。
● 一度の脱皮にかかる期間は2〜3日くらい。

NG ▶ 体が白くなってもあわてない

レオパは脱皮をする前に体が白くなり、その状態から皮が剥がれていきます。ですので、体が白くなったからといって、あわてる必要はありません。なお、一度の脱皮にかかる期間は2〜3日くらいです。

第2章
レオパの飼育環境を見直そう

シンプルな環境で飼育することができるのも
レオパの大きな魅力です。
ただし、シンプルとはいえ、
しっかりと抑えておきたいポイントは少なくありません。

10 ケージを換えたいのだけれど…

ケージの素材は
ガラス、アクリル、プラスチックの3種類。
それぞれによい点がある

レオパのケージ

　成体を飼育するケージの大きさについては、12ページで紹介したように小さくても縦30cm×横40cm×高さ20cmくらいのサイズはほしいものです。そして、ケージ選びでサイズと同じくらい大切な要素となるのが素材です。

　主な素材にはガラス、アクリル、プラスチックという3種類があります。それぞれによい点があるので、自分のスタイルに合ったものを選びましょう。

●ガラスのケージ

　ガラスのケージは側面の透明度が高く、高級感があるのが特徴です。その反面、重たいので掃除などで動かす際に少し手間がかかります。レオパとともにある生活空間をお洒落に演出したい場合に向いています。

ガラスのケージは丈夫で、
重厚感がある。

●プラスチックのケージ

　軽量で扱いやすいのがプラスチックのケージです。側面の透明度はガラスよりも劣ります。表面に傷がつきやすく、年月が経つと曇ったような状態になっていきます。

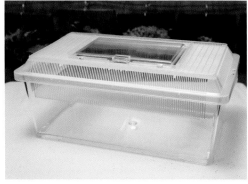

リーズナブルなところもプラスチックの魅力の一つ。

●アクリルのケージ

　アクリルはガラスのように透明度が高く、プラスチックのように軽量で扱いやすいケージです。ただし、プラスチック同様に表面に傷がつきやすく、価格もプラスチックよりも高価です。

アクリルは種類があまり豊富ではなく、選べるサイズも限られている。

第2章　レオパの飼育環境を見直そう【飼育のための器具（ケージ）】

POINT

● 見た目の美しさ（透明度）はガラス＞アクリル＞プラスチック。
● 扱いやすさはプラスチック＝アクリル＞ガラス。
● リーズナブルなのはプラスチック＞アクリル＞ガラス。

NG▶プラスチックが「お得」とは限らない

　もっともポピュラーなのはプラスチックのケージです。上に積み重ねられるので、とくに複数のレオパを飼育しているベテランブリーダーの間で人気となっています。リーズナブルなところも魅力の一つですが、プラスチックはケージ内を掃除する際などに細かい傷がつき、時間が経過するとともになかが見えにくい状態になっていきます。見た目にきれいな状態を維持するには、一定の周期で買い換える必要が生じます。その点、ガラスはあまり劣化しないので、結果としてガラスのほうがコストが抑えられるケースもあります。

11 必要な器具はそろえたはずだけれど…

「シェルター」「床材」「保温器具」が欠かせない3点セット。「水入れ」「温度計」は必要に応じる

欠かせない器具

　レオパはシンプルなセットで飼育することができ、必要な器具も多くはありません。ケージ以外で欠かせないのは「シェルター」「床材」「保温器具」です。それぞれ、いろいろなタイプが市販されているので、やはり自分のスタイルに合ったものを選ぶことが大切です。

POINT
● 飼育に欠かせない器具にはケージ以外では次のようなものが挙げられる。
□ シェルター　　□ 床材
□ 保温器具

●シェルター

　レオパが隠れて休む場所。プラスチック製や素焼きのものなど、いろいろな素材のものがあります。レオパの大きさに合わせて、ちょうど身を隠しやすいサイズのものを選びましょう。
➡ シェルターについての詳しい情報は32ページ

●床材

ケージ内を清潔に保つためなどにケージの底に敷くもの。こちらもレオパの飼育には欠かせません。大きくわけて砂（粒）状のものとシート状のものがあります。

➡床材についての詳しい情報は34ページ

●保温器具

レオパの飼育で気をつけたいのは温度管理です。とくに冬の寒さ対策はとても重要です。野生のレオパが分布している西アジアは真冬でも10度を下回ることはほとんどありません。保温器具で一定の温度をキープします。

➡保温器具についての詳しい情報は36ページ

NG▶水入れと温度計は不可欠ではない

「シェルター」「床材」「保温器具」に加えて、「水入れ」と「温度計（湿度計）」も用意したい器具です。ただし、水入れと温度計（湿度計）は必要不可欠というわけではありません。水入れは、もちろんレオパが水を飲むためのものですが、定期的に霧吹きで水を与える場合（74ページ）は必要ありません。

温度計（湿度計）は用意したほうがよいのは事実ですが、複数のケージで複数のレオパを飼育する場合などは、一つひとつのケージには設置しないベテランブリーダーもいます。

定期的に霧吹きで水を与えるなら水入れは必要ない。温度計（湿度計）は入門者はあったほうがよいが、温度と湿度の感覚をつかんだベテランブリーダーは設置しないこともある。

12▶シェルターを見直そうかな…

寝床となるシェルターは体の大きさに合ったサイズが基本。保湿力も考慮して選ぶ

シェルターの種類

シェルターはレオパが身を隠すためのもので、ケージ内に必ず設置します。これがないとレオパは寝るときも落ち着くことができずに大きなストレスを抱えることになってしまいます。

シェルターはいろいろなタイプのものが市販されているほか、植木鉢を利用するなどして自作することも可能です。

●水入れ付きのシェルター

とくに人気が高いのが、素焼きのタイプです。水入れとしての機能も兼ねられるだけではなく、素焼きは水を適度に吸収するためにシェルターの内部は理想的な高い湿度に保たれます。

水入れとしての役割を果たし、内部の湿度も保たれる優れたシェルター。

●ロックタイプのシェルター

　ロック(rock)は英語で、直訳すると岩です。文字通り岩(を模したもの)のシェルターで、見た目のよさが特徴です。左下の素焼きのシェルターにくらべると保湿力は劣るので、霧吹きをこまめにするなどの工夫が必要になります。

●自作のシェルター

　例えば植木鉢を半分に切ってシェルターとして使う方法もあります(切るには電動カッターなどの道具が必要です)。植木鉢にもいろいろな種類がありますが、なかでもおすすめなのが保湿力のある素焼きのものです。

　また、人間の食材などを入れるプラスチック製の密閉保存容器を活用することもできます。この場合はフタや側面にレオパが通れるくらいの大きさの穴をあけ、なかに水ゴケなどを敷くのが一般的です。

素焼きの植木鉢はシェルターとして使える。

NG▶体に合っていないものは使わない

　シェルターの大きさの目安は、レオパが体を曲げて寝るときに尾まですっぽりと入ることができるくらいです。大きすぎると落ち着くことができません。小さいサイズについては、あまり小さすぎるとレオパがなかに入ろうとしません。幼体の頃から使っているものであれば、体が大きくなってからも小さい容器に入ることがありますが、アンバランスな印象はぬぐえないので、体の大きさに応じたサイズに交換してあげましょう。

同じシリーズでもサイズを選べるケースがある。体の大きさに合ったものを使おう。

13▶ベストな床材を選びたい

床材は目的に応じて選ぶ。
手軽さ重視ならペットシーツ、
見た目重視なら専用床材がよい

床材の種類

ケージの底に敷く床材は、大きくは二つのタイプにわけられます。

一つは爬虫類用として市販されている砂状または粒状のタイプで、もう一つはキッチンペーパーやペットシーツなどのシート状のタイプです。一概にどちらがよいとはいえず、それぞれによい点と注意したい点があります。

●砂状の爬虫類用床材

サラサラとしていて、見た目に美しく、消臭効果が期待されるものもあります。

また、自然環境下においてはレオパは身を隠すために岩の下の土を掘って穴をつくる習性があり、このタイプはレオパの「掘る」という習性にマッチしているとも考えられます。

注意点としては、レオパが誤って食べてしまうことがあること。ほとんどの場合、排泄物として排出されるものの、個体によってはそれが体調を崩す原因になる可能性もあります。

●粒状の爬虫類用床材

ソイルと呼ばれる小さな球体のものや木を細かくしたウッドチップなどがあります。その他にはホームセンターなどで入手できる赤玉土を利用しているベテランブリーダーもいます。天然素材由来のものが多く、見た目にきれいなのが特徴です。保湿性にも優れています。

注意点は砂状の床材と同様にレオパが誤って食べてしまう可能性があること。とくに、このタイプは砂状よりも粒が大きく、幼体が誤って食べると排泄できない可能性もあります。

ウッドチップは保湿性にも優れているが、エサのコオロギがその下に逃げ隠れてしまうこともある。

●シート状の床材

管理しやすいことから、キッチンペーパーを床材に使用しているブリーダーも多くいます。同様にイヌのトイレなどに使われるペットシーツも床材として利用することができます。

MEMO 若い個体にはシート状

キッチンペーパーやペットシーツなどのシート状の床材は、レオパが誤って食べてしまうことがないので、とくに幼い個体に向いています。また、足をケガしている個体も、掘ってケガの状態が悪化してしまう心配が少ないのでシート状のほうがよいでしょう。

健康な成体については「掘る」という動きができる砂状（粒状）のほうがよいという考えもありますが、手間が少ないなどの理由から、シート状を選ぶベテランブリーダーも少なくありません。

シート状の床材は管理しやすいというメリットもある。

POINT
● 砂状（粒状）の爬虫類用床材は見た目に美しいが、誤食に注意が必要。
● キッチンペーパーやペットシーツは扱いやすいが、見た目の好みがわかれる。

14▶適切な保温の方法は？

寒さはレオパの大敵。
真冬にはケージの下からと上から、
二つの保温器具で適切な温度を維持する

保温器具の種類

レオパの飼育でもっとも気をつけたいことの一つが冬の温度管理です。ケージ内の気温を25℃以上に保つのが基本です。

十分な暖かさを維持するために真冬にはケージの下と上、両方に保温器具を設置することをおすすめします。

➡保温器具の設置方法については
　50ページ

●ケージの下に敷く保温器具

ケージの下にはシートのように薄いパネルヒーターを敷きます。パネルヒーターは温める力はそれほど強くなく、基本的には敷いたところ周辺が部分的に温かくなります。

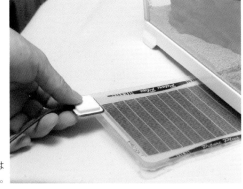

パネルヒーターは一般的には
ケージの下に差し込んで使う。

●ケージの上に設置する保温器具

寒い時期には下のパネルヒーターに加えて、上にも保温器具を設置します。爬虫類用の保温器具が市販されているので、それを利用するとよいでしょう。

直接、フタに設置できない場合は工夫して使用する。

NG ▶「まだ大丈夫」では間に合わないことも

温度管理で大切なことの一つが、本格的に寒くなる前に保温器具を準備しておくことです。

秋は気温の変化が大きく、急に寒くなることもあります。必要になってからあわてて準備をはじめたのでは、前のシーズンに使用していたものでも故障していたり、新品を購入しようとしても近くのショップでは売り切れていることもあります。そうなると、しばらくの間、レオパはツラい環境のなかで暮らすことになってしまいます。「まだ大丈夫」とは思わずに早めの準備を心がけましょう。

ケージと保温器具の組み合わせによっては、設置にちょっとした手間が必要で、それに時間を要することもある。

POINT

●保温器具は必要不可欠。ケージの上と下、二つの保温器具をそろえたい。

15▶レイアウトはどのように考えればよい?

基本はとてもシンプル。
床材を敷いて
シェルターを設置すればOK

基本のレイアウト

　レオパを飼育するための基本的なケージ内のレイアウトはとてもシンプルです。床材を敷いて、シェルターを置き、水入れを設置するだけです。さらに水を定期的に霧吹きで与える場合は、水入れも必要ありません。

砂状の床材は見た目にも美しい。ここでは水入れを設置したが、定期的に霧吹きで水を与える場合は、水入れは必要ない。温度計(湿度計)は必要に応じて設置する。

POINT
●基本のレイアウトは、床材を敷き、シェルターと水入れを設置すればOK。

シンプルなレイアウト

　水入れも兼ねたシェルターを使うとレイアウトはさらにシンプルになります。複数のレオパは同時に飼う場合などは、ケージを重ねることができるプラスチック製のケージを使うとよいでしょう。床材にはシート状のものを選ぶと、より管理がしやすくなります。

縦30㎝×横40㎝×高さ20㎝くらいが必要最低限のケージの大きさ。プラスチック製は管理もしやすい。

POINT

● 水入れ機能も兼ねたシェルターを使うとレイアウトはさらにシンプルになる。

NG▶フタの閉め忘れに要注意

　レオパが逃げ出してしまわないようにプラスチック製のケージでもフタを閉め忘れないように注意しましょう。上に置くだけはNGで、ケージの脇を通り過ぎる際に触れて、はずれてしまうことも考えられます。しっかりとはめ込みます。

上に置くだけはNG。フタはしっかりとはめ込む。

開閉できる部分がある場合は、逃げ出さないように閉めておく。

第2章　レオパの飼育環境を見直そう【ケージ内のレイアウト（レイアウトの基本）】

16▶砂状の床材の適切な敷き方を知りたい

砂状の床材の厚さの目安は
指で掻いたときに
うっすらと底が見えるくらい

砂状の床材を設置する

　床材はレオパの飼育環境のベースとなる部分です。難しく考える必要はありませんが、ここであらためて見直してみましょう。砂状の床材を使用する場合は、床材を入れ終わったあとに平らにならします。

設置の手順

①床材を入れる

　砂状の床材をケージに入れます。内側の側面を傷つけないように、静かにゆっくりと入れましょう。

袋を回しながら、満遍なく入れていくと、あとで平らにしやすい。

②床材を平らにならす

床材に凹凸があると、シェルターなどをセットしにくくなります。床材を入れ終えたら、平らにならしましょう。

MEMO　床材を厚く敷くと、こまめな手入れが必要になる

敷く床材の厚さの目安は指で軽く掻いたときにケージの底面がうっすらと見えるくらいです。ただし、「どのような状況でもこれがベスト」というわけではなく、いろいろな考え方があります。

これよりも厚くしてもOKですが、あまり厚くすると、冬にケージの下の保温器具の熱が届きにくくなります。また、レオパが動いた際にシェルターや水入れがより多くの砂をかぶることになるため、こまめな手入れが必要になります。

砂状の床材を使用する場合の厚さの目安は、指で軽く掻いたときに、うっすらと底が見えるくらい（写真上）。下の写真のように冬にはケージの下に保温器具をセットするので、あまり厚いと熱が届きにくくなる。

これくらいの厚さ（3〜4cm）まではOKである。

POINT
● 砂状の床材はゆっくりと入れる。
● 厚さの目安は指で掻いたときにうっすらとケージの底が見えるくらい。

17 シート状の床材の適切な使い方を知りたい

キッチンペーパーが
レオパにクシャクシャにされるなら
ペットシーツを使う

シート状の床材を設置する

　シート状の床材のケージへの設置の仕方はとてもシンプルで、ケージの大きさに合わせて折り、それを敷くだけです。このシンプルさがシート状の床材の魅力でもあります。

　なお、ペットシーツにはさまざまなサイズがあるので、できるだけケージのサイズに合ったものを選ぶとよいでしょう。

NG 無理にキッチンペーパーにこだわらない

　レオパは体が大きくなるにつれて、力も強くなります。キッチンペーパーを床材として使う場合、幼い頃には問題がなくても、大人になるとレオパが移動することによって、すぐにクシャクシャになりがちです。これでは床材の意味がありません。このような場合は、よりしっかりしたつくりをしているペットシーツを使うとよいでしょう。ただし、ペットシーツはキッチンペーパーよりも水分を吸収しやすいので乾燥に注意が必要です。

クシャクシャになってしまうことが多いので成体にキッチンペーパーは適していない。

ペットシーツを使う場合は、とくに湿度に気をつける。

シート状の床材の注意点

適した湿度を保つために、とくに乾燥した季節はシート状の床材をセットしたら霧吹きで床材を湿らせるとよいでしょう。ただし、ペットシーツの場合はすぐに吸収してしまうので、ケージの側面に吹きかけます。

NG ▶ ペットシーツは切らない

多くの場合、キッチンペーパーやペットシーツとケージのサイズはピッタリとは合いません。そのとき、ケージのサイズに合わせてキッチンペーパーやペットシーツを切って使うのはNGです。理由は切ったところの線維がほぐれて分離し、それをレオパが食べてしまう可能性があるからです

キッチンペーパーはペットシーツよりも、その心配は少ないものの、用心するのに越したことはないので、やはり折って使うのが基本です。

ハサミで切ったペットシーツの断面（写真上）。細かい線維がむき出しになる。シート状の床材は折って使うのが基本（写真下）。

POINT
● キッチンペーパーがレオパにクシャクシャにされるならペットシーツを使う。
● ペットシーツは折って使う。

18 器具の設置を見直したい

ケージのフタは置くだけはNG。はずれてしまわないように、しっかりとロックする

シェルターなどを設置する

床材を敷いたら、その上にシェルターなどを設置します。

定期的に霧吹きを使って水を与える場合は水入れは必要ありませんが、それ以外の場合は水入れも設置します。

➡霧吹きを使った水の与え方の詳しい情報は74ページ

シェルターなどの設置の手順

①器具を設置する

砂(粒)状の床材を使用する場合は事前に平らにならしておきます。その上に、シェルターや水入れを設置します。

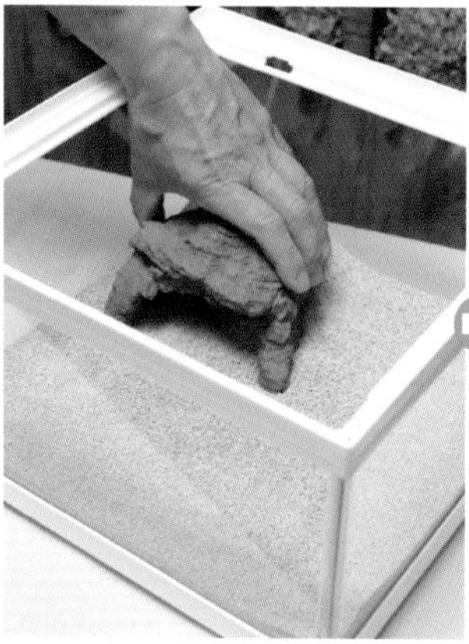

シェルターを設置する。

水の入った水入れを設置する。

温度や湿度を必要以上に気にしない

レオパが快適に過ごせるように、温度や湿度をしっかりと管理するのは大切なポイントです。数値で確認できる温度計（湿度計）があったほうが管理しやすいのは間違いありません。ただし、温度計（湿度計）を設置すると、適切な温度や湿度を維持できているかが必要以上に気になり、それが飼い主のストレスになってしまうことも少なくありません。例えば温度は保温器具をしっかりと設置すれば急激に下がることはありません。温度計（湿度計）を設置すること自体はよいことですが、あまり神経質になるのも考えものです。

②レオパを入れる

ケージ内の器具の設置が終わったらレオパを入れます。驚かせないように、ていねいに扱いましょう。

③ケージのフタをする

最後にケージにフタをします。フタは上に置くだけではなく、ロック機能があるものはしっかりとロックします。

フタをロックできるタイプなら、しっかりとロックする。ロックをしないと、何かの拍子にフタがはずれ、レオパが逃げ出してしまう可能性がある。

19 ▶ レイアウトを工夫したい

他の爬虫類やアクアリウム用の お洒落なアイテムを活用すると ケージの雰囲気が変わる

レイアウトに使えるアイテム

　レオパとの暮らしをより楽しむには、ケージ内のレイアウトも工夫したいところ。アイテムを加えると雰囲気が変わります。実用性よりも見た目のための工夫なので、レオパのストレスにならない範囲で楽しみましょう。

●他の爬虫類やアクアリウム用のアイテムを活用する

　レオパは自然環境下では、木に登るなどの立体的な行動をとることが少ない生き物です。そのため、カメレオンなどの他の爬虫類と違い、止まり木などのアイテムは必要ありません。ただし、そのような立体的なアイテムを設置すると、自然を意識したレイアウトになります。ホームセンターなどではさまざまな爬虫類用のアイテムが売られているので、雰囲気づくりとして、それらを活用するのもよいでしょう。

　アクアリム用のアイテムも利用できます。アクアリウムとは熱帯魚などの観賞用の魚を飼育する設備のことです。アクアリウムは「見て楽しむ」という側面が強く、見た目に美しいものが多いのが特徴です。水中で使うことが前提なので、つくりがしっかりしていて、耐久性も高く設計されています。

出入りできる穴が複数あいている、爬虫類用のシェルター。このようなアイテムも活用できる。

アクアリウムのディスプレイ用のアイテム。立体的なものを設置すると雰囲気が変わる。

●柔軟な発想でアイテムを選ぶ

　ケージ内のレイアウトを工夫する際に考慮したいポイントの一つが、ケージを置く部屋の雰囲気です。落ち着いた雰囲気の空間なら、ナチュラルなイメージが強いコルク樹皮や流木が合います。いずれにせよ、これらのアイテムはレオパの飼育をより楽しむためのプラスαの要素です。柔軟な発想で選びましょう。

コルク樹皮は他の爬虫類でもよく使われる。レオパのケージ内に設置しているベテランブリーダーも多い。

小さい観葉植物も活用できる。

ケージを和室に置くのなら、和風のアイテムを使うのもおもしろい。

NG▶遊び用のアイテムは必要ない

　レオパはハムスターなどの他の小動物と違い、何かのアイテムを使って遊ぶことは、まずありません。「かわいいレオパのため…」という気持ちはよくわかりますが、ディスプレイ用としてではなく、遊び用としてのアイテムは必要ありません。

ハムスター用の回し車を設置してもレオパは遊ばない。

20 いろいろなレイアウトを知りたい

レオパのストレスにならない範囲で部屋の雰囲気などに合わせてレイアウトを仕上げる

好みに合わせたレイアウト

　ケージ内の器具でレオパの飼育に欠かせないのは床材とシェルターだけです。あとはレオパのストレスにならない範囲で楽しむことも可能です。

立体的なアイテムを活用して、観賞価値を高めたレイアウト例。水は定期的に霧吹きで与えることを前提に水入れは設置していない。

POINT
●立体的なアイテムを加えると雰囲気が変わる。

●部屋の雰囲気に合わせる

和風の部屋に置くことをイメージしたレイアウト。アイテムはレオパの邪魔にならないようにケージの隅に設置してある。

POINT
●レオパのストレスにならない範囲で楽しむ。

NG▶上からの眺めだけで判断しない

　普段、ケージを見る位置を意識することも、ケージ内のレイアウトを考える際のポイントの一つです。レオパのケージはフタをしますし、冬には上に保温器具を設置します。ですので、横から見ることが多くなります。横から見ると印象が変わることもあるので、レイアウトを決める際には横からも確認して、最終的な判断をしましょう。

普段、横から見ることが多いのなら、横からの見た目も確認する。

21 ▶ 保温器具の設置の仕方に不安がある…

パネルヒーターは
水入れ付きのシェルターの真下を
避けて設置する

ケージの下に保温器具を設置する

レオパは寒さに弱いので、冬には一定の温度をキープしなければいけません。保温器具をケージの下と上、両方に設置するのが基本で、一般的に下には薄い形のパネルヒーターを使います。パネルヒーターはケージ内の全体ではなく、一部（パネルヒーターの真上付近）を温めます。レオパにしてみると温度の高いところと低いところを選べるということになるので、春や秋のようにそこまで寒くはない時期に保温器具が必要かどうか迷う場合は、上には設置しないで、こちらだけを設置するとよいでしょう。

POINT
●春や秋には保温器具をケージの下にだけ設置するとよい。

設置の仕方

設置の仕方は、保温器具をケージとケージを置いている台の隙間に差し込むだけでOKです。

なお、多くの保温器具はコンセントからの電気を利用するため、そもそもケージをコンセントの近くにセットする必要があります。

●プラスチック製のケージも隙間に差し込む

　プラスチック製のケージでも、ケージの下の保温器具の設置の仕方は同じです。ケージと台の隙間に保温器具を差し込みます。ケージと台の間に隙間がない場合は、割り箸などをつかってケージを少し浮かせるとよいでしょう。

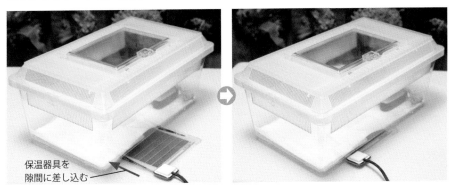

保温器具を
隙間に差し込む

NG▶水入れ付きの下には設置しない

　保温器具の位置は状況に応じて決めます。寒い時期には寝ているときにも温められるようにシェルターの真下がよいでしょう。

　ただし、水入れ付きの素焼きのシェルターを使用している場合は、その下に保温器具を設置するのはNGです。シェルターのなかがサウナのような状態になり、レオパにとって居心地のよいスペースではなくなってしまいます。

　そのまま水入れ付きの素焼きのシェルターを使う場合は、保温器具を真下に設置しないようにしましょう。

水入れ付きの素焼きのシェルターの場合、保温器具をシェルターの真下に差し込むのはNG。

保温器具をシェルターから離れた位置に設置する。

22▶フタに保温器具を設置できない…

ケージの上側の保温器具は実際に使用する前にフタなどにしっかりと固定する

ケージの上に保温器具を設置する

　寒い日本の冬にケージ内の気温をしっかりと暖かく保つため、保温器具はケージの下だけではなく、上にも設置します。

　差し込むだけの場合が多いケージの下と違い、ケージの上の保温器具の設置はちょっとした工夫が必要になることもあります。

　一度、きちんと設置すると、あとは安心して使えるので、取り付けは、ていねいに行ないましょう。

設置の仕方

　ケージの上の保温器具の設置の仕方は、使用するフタと保温器具の製品によって異なります。金網状で取り付け用のネジの穴があいていないフタに保温器具を設置する場合は、フタをケージにセットする前に保温器具を取り付けます。

網の目が細かくてネジを通しにくい場合は、保温器具のネジの位置に合わせて網に印をつけ、錐（キリ）などで事前に穴をあけておくとよい。

まずはネジで保温器具をフタに固定する。

●コードを通す場所を確保する

ケージのタイプはさまざまで、なかには縁にあるツメを折ることでコードを通す場所を確保できるものもあります。よく観察しないと気がつかないこともあるので、ケージを入手したら、しっかりと取り扱い説明書を確認しましょう。

このケージはツメを折ることでコードを通す場所を確保できた。

寒い時期には下と上、両方に保温器具を設置する。

POINT
●ケージの上の保温器具の設置は臨機応変に対応する。

設置の仕方（フタに固定できない場合）

保温器具をフタに固定できない場合は、木材などでフタとの隙間をつくり、その上に保温器具を設置します。

NG▶直接置かない

ケージの上に設置するタイプの保温器具はそれほど高い熱を発するわけではなく、成体が触れてもヤケドしないくらいの温度であることがほとんどです。プラスチックに触れても溶ける心配は少ないものの、予期せぬアクシデントを予防するため、フタには直接置かないようにしましょう。

飼育環境（ケージの置き場所）

23▶ケージはどこに置けばよい?

テレビやエアコンの近く、窓際、ドアのそばにはケージを置かないほうがよい

ケージの置き場所を決める

ケージを置く場所については、まず、ケージが落下するおそれがない安定したところに置くのが大前提です。そのうえで、できればレオパのストレスになるような刺激が少ない場所に置くのが理想です。例えばテレビの近くは光や音が刺激になるのでケージを置く場所としては適していません。

■置くのを避けたいところ①
テレビの近く

テレビの発する光や音がレオパの刺激になる可能性があります。また、テレビが発する熱もケージ内の気温に影響することが考えられます。

■置くのを避けたいところ②
エアコンの近く

エアコンの風が直接当たるところは気温が急激に変化し、それがレオパの体調を崩すことにつながる可能性があります。

■置くのを避けたいところ③
窓際

ケージのなかの気温が、夏の強い直射日光によって想定外の高温になったり、冬の隙間風によって低くなってしまうことがあります。

■置くのを避けたいところ④
ドアの近く

ドアの開け閉めによる振動でレオパが落ち着くことができません。また、通路を含めて人の出入りが多いところは、何かの拍子に人がケージと接触し、ケージが落下してしまう恐れがあります。

POINT

●できれば置くのを避けたいのは「テレビの近く」「窓際」「エアコンの近く」「ドアの近く」など。

MEMO 明るさはあまり気にしなくてよい

インコなどの飼育ではペットが夜に落ち着いて寝られるように、ケージに風呂敷などをかぶせて暗くするブリーダーもいます。では、レオパはどうかというと、そのようなケアをするベテランブリーダーはあまりいません。明るさについては、それほど神経質にならなくてよいようです。

NG▶レオパのことだけで決めない

ケージの置き場所についてはレオパのことだけではなく、飼い主のことも考慮する必要があります。

エサあげやケージの掃除などのことを考えて、ケージは手が届きやすいところに置くのが基本です。また、地震が発生した場合のことも想定しておきたいところです。とくに飼い主が自分の子どもと暮らしている場合、地震の揺れによってケージが子どもの頭の上に落下してしまうことがないように置く場所を決めましょう。

置き場所を状況に応じて工夫する

ケージをずっと同じところに置くのではなく、状況に応じて変えるという考え方もあります。

例えば102ページで紹介するように、繁殖のための工夫として、あえてケージ内の気温を少し低くする方法がありますが、そのために玄関付近の気温が低いところに置くベテランブリーダーもいます。

また、冬の温度管理については、レオパのケージだけを保温するのではなく、状況が許すのであれば、終日、部屋の気温を一定に保つという方法もあります。とくに複数のレオパを飼う場合、一つの部屋をレオパの飼育ルームとして割り振ることができるのであれば、個々のケージに保温器具を設置するよりも効率がよいこともあります。

24 臭いが気になるのだけれど…

臭い対策の基本は
排泄物をこまめに片付けること。
消臭効果のある床材も市販されている

臭いの原因

レオパ自身には臭いはほとんどありません。臭いが気になる場合は、排泄物が原因であることが多いようです。また、エサとしてコオロギを飼育する場合、コオロギも排泄物などにより、臭いを放つことがあります。

臭い対策

臭い対策として、まず実践したいのは、その原因である排泄物をこまめに片付けることです。定期的にケージを掃除して清潔に保つことも臭い対策に役立つと考えられます。これはエサのコオロギにも共通していて、コオロギを飼育しているケージも清潔に保ちたいものです。

また、消臭作用のある床材を使うことも臭い対策として有効です。とくに天然由来の粒状のタイプには、消臭効果が高いものが多いといえます。シート状の床材については、キッチンペーパーよりもペットシーツのほうが消臭効果が高いとされています。その他にはペットの臭い対策用の消臭スプレーや据え置きタイプの芳香剤も効果が期待できます。

排泄物をこまめに片付けるのが臭い対策の基本である。

POINT
● 臭いの原因は主に排泄物である。
● 消臭効果のある床材を選ぶという選択肢もある。

25▶他の動物と一緒にレオパを飼いたい

とくに猫と一緒に飼う場合は
フタをあけた状態で
目を離さないように気をつける

他の動物と飼う場合の注意点

基本的にレオパは1匹につき一つのケージで飼います。レオパ同士はもちろん、管理の仕方が異なるため、他の爬虫類を同じケージで飼うこともNGです。

犬や猫などの他の動物と飼えるかどうかは飼い主次第です。とくに猫は注意が必要で、猫がレオパを襲わないように気をつける必要があります。

NG▶フタをあけた状態で目を離さない

例えばエサを与えている最中に電話がかかってきたときなど、ふとした瞬間にケージのフタをあけた状態で目を離してしまうのは、よくあるケースです。レオパのことを考えるなら、このような状況は避けたいところ。とくに猫を飼っている場合、猫は動くものに興味を示す性質があるうえ、動きも俊敏なので、その瞬間にレオパを襲う可能性があります。また、ケージを他の動物の行動範囲内に置くと、動物が触れてケージが倒れたり、落下することもあります。他の動物と一緒に飼う場合は、ケージを置く位置にも気を配りましょう。

フタがあいた状態では目を離さない。

MEMO　小さな子どものことも考慮する

家族でレオパを飼う場合は「子どもがどのようにレオパを扱うか」も考慮しましょう。年代によっては動物を握る力加減がわからないことがあるので、とくに小さい子どもがいる場合には注意が必要です。

26 ▶ レオパを置いて旅行に出かけても大丈夫?

数日くらいであれば
留守にしても大丈夫。
温度と湿度に気をつける

一定期間、留守にする場合の考え方

　レオパのエサの頻度は成体で数日に1回です。水入れの水の交換やケージの掃除はこまめに行なったほうがよいとはいえ、絶対に毎日行なわなければいけないわけではありません。これらのことを踏まえると、成体なら数日は家を留守にしても大丈夫ということになります。1週間、留守にしても問題がなかったという例もあります。

　ただし、これらはケージ内の温度や湿度の管理がしっかりできているということが前提です。また、普段、水入れを利用しないで霧吹きで水を与えている場合は、レオパが「水入れから水を飲む」ということに慣れていないので要注意です。

POINT
●成体なら数日の留守は大丈夫。

留守にする場合の対策

　長期間、自宅を留守にする場合の対策として、まず考えられるのがペットホテルを利用することです。コストはかかりますが、相手は専門家なので安心して預けることができます。

　また、旅行の場合は一緒に連れて行くという方法もあります。ペット同伴がOKな宿泊施設であれば、もちろんレオパも宿泊できるケースがほとんどですし、電車などの公共の交通機関もサイズや重さの規定にしたがえばケージごと持ち運ぶことができます。ただし、レオパは人気のペットといっても、世間で十分に認知されているわけではないので、いずれの場合も、事前に事情を説明し、確認をとることが必要です。

NG ▶ 文句をいわない

　友人に預けるのも選択肢の一つです。ただし、その場合は、たとえレオパが体調を崩しても、友人にクレームをつけるのはよくありません。しっかりと管理していても、環境の変化で体調を崩してしまった可能性もあります。「何があっても文句はいわない」という心づもりがないなら、友人に預けるのは避けたほうがよいでしょう。

第3章

レオパとのベストな
暮らしのポイント

ケージなどの飼育環境を整えたら、
次はレオパの食事やケージの掃除など
日常のケアの適切な方法を身につけましょう。
自己流には思わぬ落とし穴があるかもしれません。

27 冬は何℃以上あれば大丈夫なの?

気温は25〜30℃、
湿度は50%以上が
ケージ内の快適な環境の目安

レオパが快適に暮らせる気温と湿度

　レオパが快適に暮らせる気温は25〜30℃前後です。国内の季節で考えると、とくに気をつけたいのは冬です。ケージ内の温度が低いと、エサをあまり食べなくなり、やがては体調を崩してしまいます。18℃くらいまでは問題がないという考え方もありますが、環境への適応力は個体差があります。やはり真冬でも25℃はキープしたいものです。

●湿度にも気をつける

　温度と同様に湿度にも注意が必要です。「湿度が低い」ということは「空気が乾燥している」ということですが、その状態が続くと、脱皮不全を起こしてしまう可能性が高くなり、なかには食欲が低下する個体もいます。湿度は50%以上が目安となります。

POINT
◎ケージ内の気温は25〜30℃、湿度は50%以上が目安。

MEMO

暑さには強い

　レオパは寒さを苦手とする一方で、暑さには強い生き物です。冬には1日のほとんどをシェルターのなかで暮らしていたのに、気温が高くなるにつれて活発になり、夏にはケージ内を元気に動き回る個体もいます。基本的には真夏の暑さ対策は必要ありません。ただし、直射日光がさすところや熱を発する電化製品の近く、運搬時の駐車中の自動車の車内など、極端に気温が上がるところはNGです。

温度と湿度の調整

　ケージ内の冬の気温は、ケージに保温器具を設置して調整します。ケージの下と上に取り付けるのが基本です。

➡保温器具の設置の仕方は50ページ

●湿度を調整する

　国内の湿度は夏に高く、冬に低くなります。気象庁が発表しているデータによると、2018年の東京の平均湿度は、8月が77％、1月が54％です。レオパが快適に暮らせる湿度は50％以上なので、この数値だけを見ると冬も特別なケアは必要がないということになります。ただし、この数値は屋外で計測したものです。エアコンや電気ストーブなどの暖房器具を使う屋内は、屋外よりも空気が乾燥します。レオパは屋内で飼育するので、やはり湿度に対するケアは必要です。

　ケージ内の湿度を一定に維持するための一般的な方法は、「霧吹きでケージ内に水を吹きかける」です。その他にも「水入れ付きの素焼きのシェルターを使う」「床材には保湿性の高い粒状のものを選ぶ」なども乾燥対策として有効です。また、飼育者の暮らしのことも考慮して、加湿機を使うのもよいでしょう。

ケージ内が乾燥していたら霧吹きを使う。生体には霧をかけないこと。

水入れ付きの素焼きのシェルターは、湿度を一定に保つことに役立つ。

NG ▶「一緒だから大丈夫」を過信しない

　環境省が推奨している冬のエアコンの設定温度は20℃です。この温度はレオパに最適な25〜30℃より低い値ですが、20℃の部屋であれば、保温器具を使用しなくてもレオパの体調が悪くなることは少ないでしょう。電気代のことも気になりますし、「一緒にいるから保温器具は必要ない」と考える人もいるかもしれません。でも、あまり、それを過信してはいけません。「就寝時にエアコンのスイッチは切ったけれど、レオパの保温器具の電源を入れるのを忘れてしまった」となってしまいがちです。エアコンを使用しているときを含めて、常時、保温器具の電源を入れておくと、そのような不安はありません。

28▶レオパの食事を見直したい

食事の頻度は週に1〜4回、エサに興味がなくなるまで、もしくは、その少し手前の量を与える

食事の重要性

レオパを飼育するうえで、レオパの食事をケアすることはとても重要です。飼育者にしてみると、食事のケアとは「レオパにエサを与えること」になります。

レオパのエサとしてポピュラーなのはコオロギで、おすすめはピンセットでコオロギをつまんで与える方法です。個体差がありますが、なかには、その方法に慣れて、ピンセットを見ると自らやってくるレオパもいます。つまり、エサあげがレオパとのコミュニケーションの機会になるということです。

➡コオロギの与え方は70ページ

●食欲は体調のバロメーター

もう一つ、エサあげがレオパを飼育するうえで大切なのは、食欲がレオパの体調を示すバロメーターになるからです。

当然のことながら、私たち人間と違い、レオパは体調が悪くても、それを言葉で伝えることができず、顔色や表情にあらわすこともありません。ただし、共通していることもあり、それが体調を崩すと食欲がなくなることです。それまで与えていたエサに飽きてしまったということもありえますが、レオパがいつものペースで食べなくなったら、体調を崩していることが疑われます。

POINT
- ●エサあげはコミュニケーションの機会。
- ●食欲がなくなったら体調を崩している可能性がある。

食事の頻度

レオパのエサの与え方には、ピンセットであげる方法以外にも、生きたコオロギをケージのなかに放す方法などがあります。いずれにせよ、その頻度については、一般的には幼い個体、若い個体は頻度が高く、毎日もしくは2日に1回、成体は1週間に1～4回です。目安に幅があるのは絶対的な正解がないからで、ベテランブリーダーでも人によって違います。自分の生活のリズムなども考慮して決めるとよいでしょう。月水金など曜日を決めたり、2日に1回と決めると、うっかりエサあげを忘れてしまうことが少なくなります。なお、本来、レオパは夜行性ですが、無理をしてまでエサを夜に与えなくてはいけないということはなく、日中にエサあげを行なってもOKです。

MEMO 毎日は成長が早い

　成長期の幼い個体、若い個体はエサを与える頻度を高くすると、成長が速くなる傾向があります。早く体が大きくなってほしい場合は、毎日、エサを与えるとよいようです。

POINT
● エサあげの頻度は若い個体は毎日または2日に1回、成体は1週間に1～4回。

食事の量

　レオパはお腹がいっぱいになると、エサに興味を示さなくなります。エサの量の一つの基準は、その状態になるまでエサを与えることです。

　個体差はありますが、お腹がすいた状態のレオパにエサとしてMサイズのコオロギを与える場合、若い個体は5匹、成体は10匹くらいでお腹がいっぱいになることが多いようです。

NG▶満腹が正解とは限らない

　エサにコオロギを選ぶ場合、例えば11匹目に興味を示さなくなったら、そのレオパは10匹でお腹がいっぱいになるということです。ここで、次回以降の食事では10匹を与えるのではなく、8匹で切り上げる考え方もあります。

　肥満を予防するという意味も含めて、腹八分目で管理するということです。満腹が悪いというわけではなりませんが、必ずしもそれが正解ではありません。

29▶コオロギがちょっと苦手…

レオパのエサは コオロギがポピュラーだが、 レオパ用の人工飼料も市販されている

生きたエサ

エサとしてポピュラーなヨーロッパイエコオロギ。

　もっとも一般的なレオパのエサは生きたコオロギです。生きたコオロギは爬虫類を売っているペットショップやホームセンターで入手できます。また、法律で通信販売が禁止されているレオパと違い、ネットショップでも売られています。

　レオパを含め、爬虫類用のエサとして、市販されているコオロギは主に2種類。ヨーロッパイエコオロギとフタホシコオロギで、最近は、より丈夫なヨーロッパイエコオロギのほうが人気となっています。コオロギはS、M、Lなどのサイズごとに売られていることもあるので、レオパの大きさに合ったものを選びましょう。価格については、ショップによって異なりますが、目安は100匹で1,000円前後です。

●コオロギ以外の生きたエサ

　コオロギ以外の生きたエサとしては、デュビア（アルゼンチンモリゴキブリ）というゴキブリの仲間も用いられます。

　ゴキブリといっても、デュビアは国内の街中などで見かけるものと違い、動きが俊敏ではないことなどから、「ゴキブリはちょっと苦手…」という人でも、それほど抵抗なく扱えることが多いようです。その他には甲虫の幼虫であるミルワームなどもレオパのエサになります。

デュビアもショップで入手できる。

POINT
●レオパのエサとしてポピュラーなのは 生きたコオロギである。

レオパ用の人工飼料

ペレット状の人工飼料。生きたエサよりも保存しやすいのも長所の一つである。

ゲル状の人工飼料はピンセットなどを利用する。

コオロギをはじめとする生きたエサ以外には、レオパ用の人工飼料も市販されています。人工飼料は生きたエサよりも手軽で、レオパに必要な栄養素を考慮してつくられていることなどから、今後、さらなる充実が期待されています。

人工飼料にはいろいろなタイプがあり、ペレット状のものやゲル状のものなどがあります。

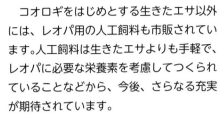

MEMO その他のエサ

人工飼料のように扱いやすいものとして、コオロギを冷凍したものや乾燥したものもあります。生きたコオロギよりも値が張り、レオパの好き嫌いがわかれますが、管理する手間がかからないので、飼育者のライフスタイルなどに応じて選ぶとよいでしょう。

エサをあげるための器具

レオパに生きたエサを与える際には、ピンセットを利用するのが一般的です。爬虫類の給餌用のものがよいでしょう。

ピンセットは専用のものを使いたい。

NG 先の尖ったものは不適

先の尖ったピンセットは。レオパにエサを与えるのには向いていません。何かの拍子にレオパの目に入ってしまう可能性があります。

先の尖っているピンセットの使用は避けたい。

30 ▶ サプリが必要と聞いたけれど…

一般的にレオパには カルシウムなどのサプリメントを まぶしてからコオロギを与える

レオパに必要なサプリメント

レオパの食事にコオロギなどの生きたエサを選ぶ場合、一般的には栄養素のバランスを考慮してサプリメントも与えます。

とくに必要と考えられている栄養素はカルシウムで、カルシウムが不足すると四肢や背骨が変形してしまうことがあるとされています。また、そのカルシウムの吸収に必要なビタミンD₃も一緒に与えるのが基本です。

その他には爬虫類のお腹の調子を整える整腸剤も与えるとよいでしょう。

与え方としては、コオロギにこれらのサプリメントをまぶしてからレオパに給餌します。

POINT

● レオパにはカルシウム、ビタミンD₃、
　整腸剤も与える。

➡ コオロギの与え方は70ページ

MEMO

人工飼料にはサプリは必要ない

人工飼料はレオパに必要な栄養素を考慮してつくられているので、普段のエサに人工飼料を選ぶ場合は、基本的にサプリメントは必要ありません。ただ、ひと口に人工飼料といってもいろいろな製品が市販されているので、不安があるようなら、ショップスタッフなどに確認しましょう。

サプリメントの与え方

サプリメントをまぶすとコオロギは白くなる。

粉末のサプリメントをケージ内に置いておくという方法もある。サプリメントを入れる容器として、ペットボトルのフタを利用するベテランブリーダーもいる。

一般的にサプリメントはコオロギにまぶしてから給餌しますが、そうするとコオロギが見た目に白くなります。そうなると自然環境下の見た目とは異なるため、慣れていない個体は興味を示さなくなることもあります。できれば、レオパが子どもの頃から、このサプリメントをまぶすスタイルで給餌するのが理想です。また、サプリメントをまぶしたコオロギを食べない場合は無理に食べさせようとしてはいけません。エサは、まず、レオパに食べてもらうことが大切です。飼い主が工夫をしましょう。例えば小さな皿などにサプリメントの粉末を入れておくと、自分で舐める個体もいます。

NG▶日光浴は必要ない

ビタミンD₃は、カルシウムの吸収を助ける栄養素で、骨の健康に欠かせません。そのビタミンD₃は日光を浴びることでもつくられることが知られています。

日光浴は健康に役立つというイメージが強いということもあり、生き物を飼育していると「日光浴もさせてあげよう」と考えがちですが、「レオパに日光浴は必要ない」というのが一般的な考え方です。というのも考えられるメリットよりも、急激な気温の変化などのデメリットのほうが大きい可能性があるからです。正確に検証されているわけではありませんが、無理にリスクを犯す必要はないでしょう。

窓際は隙間風などの心配もある。

31 ▶コオロギを上手に管理したい

コオロギには通気性のよい容器を使い、容器内に隠れ場所をつくる。エサにはコマツナなどを与える

コオロギを管理する容器

レオパのエサに生きたコオロギを選ぶ場合、一般的には一定数のコオロギをショップで購入し、生きたまま管理します。

管理するための容器は通気性がよければどのようなものでもOKです。虫かごを使うことが多いですが、「昆虫の見た目が少し苦手…」という人は、なかが見えないように、衣装ケースに通気用の小さな穴をあけて使うとよいでしょう。

NG ▶通気性の悪い容器は使わない

コオロギの排泄物には臭いがあるため、「できるだけ密閉した状態で飼いたい」と思う人も少なくないようです。でも、通気性の悪い容器を使うのはNGです。

コオロギは、自らの排泄物が原因で発生するアンモニアが苦手で、それが容器内に充満すると中毒を起こして死んでしまうことがあります。「容器内のコオロギが一挙に全滅してしまった」というケースも少なくないようです。

「たくさんのコオロギを管理するのが大変」という場合は、少数のコオロギをこまめに購入するとよいでしょう。

例えばゴミ箱として市販されている容器を、そのままコオロギをキープする容器として使用するのは要注意。写真のように上側があいている状態ならよいが、板などでフタをすると密閉されることになってしまう。

コオロギを管理する際の工夫

植木鉢の底に敷くものを丸めて使うと、コオロギのよい隠れ場所になる。

コオロギを生きた状態で、長い期間、キープするには、コオロギが生きる自然環境を意識して、容器のなかにコオロギの足場となり、身を隠せる場所をつくるのがポイントです。いろいろなグッズが利用できますが、例えば百円均一ショップで売られている植木鉢（プランター）の底に敷くものを丸めて使うのもよいでしょう。

POINT
● コオロギは通気性のよい容器を使い、隠れ場所をつくる。

NG ▶ 隠れ場所に紙は使わない

コオロギの隠れ場所として新聞紙などの紙を使用する人もいますが、これは避けたほうがよいでしょう。というのも、コオロギがかじってしまうことがあるからです。それがコオロギの健康を害する可能性があります。

購入時に一緒にパッケージされている厚紙も切ったものは好ましくない。その切り口のほぐれた繊維をかじってしまうことがある。

コオロギのエサ

コオロギのエサとなるものには、コマツナやレタスなどの葉菜、バナナなどの果物があります。ただし、同じ葉菜でも、ホウレン草は含まれている成分の問題でコオロギのエサとしては適していないとされています。また、水やりについては、いろいろな考え方があり、野菜などのエサに含まれている水分を補給するので不要という説もあります。水だけを与える場合は、十分に湿らせたキッチンペーパーをコオロギのケージ内に設置する方法などがあり、コオロギ用の水入れも市販されています。

MEMO　寒さに要注意

基本的に昆虫は暑さには強いので、気温の面で気をつけたいのは冬の寒さです。冬にコオロギを屋外で管理するのはNGで、屋内でも寒い部屋では寒さが原因で死んでしまうこともあります。コオロギを入れた容器は、できるだけ暖かいところに置くのが基本で、できれば保温器具を利用するのが理想です。

32 ▶ コオロギの与え方、合っているかな…

生きたコオロギを与える場合は コオロギの触覚と後ろ足をとり、 サプリメントをまぶす

レオパにコオロギを与える

　レオパに生きたコオロギを与える方法については、いろいろな考え方があります。本書でおすすめするのはサプリメントをまぶしたコオロギをピンセットで与える方法です。

　この方法のメリットは、まずサプリメントをまぶすことでレオパが自然に十分な栄養素をとれること。また、ピンセットを利用することで、レオパとのコミュニケーションをとることができます。

コオロギの与え方の手順

①触覚と後ろ足をとる

　ここでは本書おすすめのサプリメントをまぶしたコオロギをピンセットで与える方法を紹介します。まずコオロギの触覚と後ろ足をとります。これはレオパがコオロギを食べやすくするための工夫です。なお、基本的に触覚と後ろ足をとっても、コオロギがすぐに死ぬことはありません。

②サプリメントをまぶす

　粉末のサプリメント（カルシウムとビタミンD₃、整腸剤）を配合したものをコオロギにまぶします。小皿に粉末を混ぜ合わせ、そこにコオロギを入れると手際よく行なうことができます。

③顔の前に差し出す

　ピンセットでつまんだコオロギをレオパの前に差し出します。お腹がすいていて、好みのエサであればレオパはパクリと食いつきます。

MEMO ケージに放す方法

　生きたコオロギの与え方には、ピンセットを使わずにコオロギをケージに放す方法もあります。その場合もコオロギの触覚と後ろ足はとったほうがよいでしょう。とくに後ろ足をとらないと、コオロギが元気に跳びはねてしまい、レオパがなかなか捕食することができません。

容器内にコオロギを１匹ずつ入れる方法と上の写真のように複数匹入れる方法がある。

NG▶触覚をとらないと…

　コオロギの触覚をとらないのは完全なNGというわけではありません。ただし、とらないと、触角が何かの拍子にレオパの目に入り、それを嫌ってコオロギを食べなくなることがあります。後ろ足については、消化されずに排泄されることもあるので、とってしまっても栄養面の不安はないと考えられます。また、ピンセットを利用する場合は、コオロギのお尻のほうではなく、頭のほうをレオパの顔に差し出すようにしましょう。レオパは頭からのほうが食べやすいとされています。

33▶エサを食べなくなったのだけれど…

レオパがエサに飽きてしまい、あまり食べなくなったらエサの種類を変えてみる

エサを食べない原因

　レオパのエサには、いろいろなタイプがあるので、そもそもエサを食べない（エサに興味を示さない）ようであればエサ自体を変えたり、与え方を工夫します。一方、それまでは食べていたのに、食べなくなった場合には、原因としてケージ内の気温が低いことなどが考えられます。まずは原因をつきとめましょう。

POINT
●エサを食べなくなる主な原因
□お腹がいっぱいである　□ケージ内の気温が低い
□体調を崩している　　　□エサに飽きてしまった

●原因別の対策

　お腹がいっぱいで食べない場合は、シンプルに時間が経過してお腹がすくと食べるようになります。また、ケージ内の気温が低いと、体の新陳代謝が鈍くなり、食欲がなくなりますが、その場合は気温を高くすると食欲が回復します。体調を崩している場合は飼育者にできることは限られていて、獣医に診てもらうのが基本となります。そして、体調を崩しているのとの見極めが難しいのが、レオパがエサに飽きてしまった場合です。じつは、このケースは少なくありません。まずは獣医に診てもらったほうが安心ですが、元気に動いているのに食べない場合はこの可能性があり、エサを変えると食べるようになることもあります。

MEMO
ストレスも原因になる

　上のポイント以外にも環境の変化などでストレスを感じている場合も、レオパはあまり食べなくなります。また、脱皮の時期になると食欲が落ちる個体もいます。

エサを食べない場合の工夫

そもそもエサを食べない(興味を示さない)場合やエサに飽きてしまった場合に試したいことの一つがエサを変えることです。例えばヨーロッパイエコオロギを食べなくなったら、フタホシコオロギに変えてみるのもよいでしょうし、同じ生きたエサのデュビアにすると食べるようになることもあります。個体によっては人工飼料を好むものもいます。

NG ものによってはそのまま与えない

人工飼料を与える場合は、事前に取り扱い説明書を読んで、与え方や量をしっかりと確認しましょう。ペレットタイプは吸水させてから与えるものがあり、その場合はそのまま与えるのはNGとなります。また、冷凍してあるコオロギは一般的には解凍してから給餌します。

ペレットタイプは吸水させてから与えるものが多い。取り扱い説明書の指示に従うこと。

●与え方を工夫する

与え方を工夫することによって、それまで興味を示さなかったエサを食べるようになることもあります。コオロギでよく行なわれるのが、体液が出るように体の一部をちぎり、その体液をなめさせる方法です。また、エサとしては静止しているものよりも動いているもののほうが自然環境下に近いということもあり、ピンセットで与えていたものをケージ内に放すように変えると食べるようになることもあります。

食べるようになってからの食事についてはケースバイケースです。一度、胃が動いたことなどによって食欲が沸き、もとのエサを食べるようになることもあれば、切りかえたエサや与え方でしか食べなくなることもあります。

MEMO 「慣れさせる」も大切

幼い個体の食事については「エサの種類や与え方に慣れさせる」という考え方も大切です。

例えばコオロギをピンセットで与える方法にしたいのにコオロギに興味を示さない場合。このようなときには、まずはコオロギをエサとして認識できるようにケージ内に放す方法からはじめて、次にピンセットを使うようにすると、ピンセットで食べるのが習慣になることが少なくありません。

34 水入れは必要ないと聞いたけれど…

個体によっては水入れではなく、霧吹きで与えたほうが、よい体調をキープできることもある

水の与え方

レオパへの水の与え方には主に二つの方法があります。一つはいつでもレオパが水を飲めるようにケージ内に水入れを用意する方法で、もう一つは水入れは使わずに定期的に霧吹きでケージの側面などに水を吹きかける方法です。飼育者の生活スタイルや好みに応じて選ぶとよいでしょう。

POINT
●水の与え方には水入れを設置する方法と霧吹きを使う方法がある。

水入れを使う

水入れを使う場合の方法はシンプルで、飲み水用の水入れに水を入れ、それをケージ内に設置します。

水の交換については、衛生面を考慮して、できれば毎日、少なくても2〜3日に1回は交換するようにしましょう。

MEMO レオパは水浴びをする？

鳥は水浴びをしますが、その主な理由は体についた寄生虫を落とすためと考えられています。では、レオパはどうかというと、寄生虫を落とす目的では水浴びはしません。ただ、なかには水入れのなかに入る個体もいて、それは温度や湿度の具合のよいところを求めた結果のようです。

霧吹きを使う

　霧吹きで水を与える場合は1日に1回を目安として、定期的にケージ内に霧を吹きかけます。するとレオパはケージの側面についた水滴をなめて水分を補給します。理由は定かではありませんし、生活にメリハリができるからというわけではないでしょうが、水入れを使う方法よりも、こちらのほうが体調を崩すことが少なくなることがあり、この方法を選ぶベテランブリーダーもいます。

●シェルターにも吹きかける

　霧吹きを使用する際にはケージの側面の全面（4面）に加えて、シェルターにも霧を吹きかけます。こうすることでレオパが水分を補給できるポイントが増えるとともに、十分な湿気を維持しやすくなります。

NG▶レオパには直接かけない

　基本的には霧をレオパに直接、吹きかけるのはNGです。直接、吹きかけると嫌がる個体が多く、ストレスになると考えられています。ただし個体によっては、霧吹きで吹きかけられることを好むものもいて、ケージの側面に吹きかけていると自ら寄ってくることもあります。それほど強いストレスではない可能性が高いことから、霧を吹く際にレオパをケージから出すほどには神経質にならなくてもよいようです。

直接、体に霧を吹きかけられると嫌がる個体が多い。

35▶尿のあとを見かけないのだけれど…

レオパは糞と尿を一緒に排泄する。排泄物は臭いの原因にもなるので、見つけたら、すぐに取り除く

レオパの排泄物

通常、レオパは尿を液状ではなく、白い塊のようなかたちで糞とともに排出します。つまり、犬のように尿と糞をしたあとのケアを別々に行なう必要はないということです。排泄物は塊で、すぐに見つけられます。見つけたら、すみやかに取り除きましょう。

POINT
◉レオパは糞と尿を一緒に排泄し、排泄物は塊である。

砂（粒）状の床材での片づけ

爬虫類用として市販されている砂状の床材は、水分を吸収すると固まるものが少なくありません。そのようなタイプを使用している場合は排泄物をティッシュペーパーなどで取り除きます。掃除用のピンセットや割り箸などを用意して、それを利用するのもよいでしょう。

その他の砂状や粒状の床材についても考え方は同じで、排泄物を見つけたら、逐次、取り除きます。

MEMO

排泄は1〜2日に1回くらい

もともとの個体差や季節、レオパの体調によって異なりますが、一般的な排泄のペースは1〜2日に1回です。状況によっては3日ほど間隔があくこともありますが、あまりに長い期間、排泄をしないようであれば獣医に診てもらったほうがよいでしょう。

シート状の床材での片づけ

シート状の床材を利用している場合、基本的には排泄物を見つけたら床材ごと交換します。排泄物は臭いの原因になるので、できるだけ早く対応しましょう。

シート状の床材の排泄物の処理は基本的には床材ごと交換する。

排泄物を放置すると臭いの原因になるほか、菌が発生してレオパに悪い影響を与えることもある。

●床材の一部を二重に敷く

レオパは同じ場所に排泄する傾向があります。それを利用して、小さく折ったキッチンペーパーなどをレオパが排泄する場所に敷き、レオパが排泄をしたらそのキッチンペーパーだけを交換するという方法もあります。

NG 砂（粒）状の床材をずっと利用しない

床材として砂（粒）状を使っている場合、「排泄物を処理すれば、ずっと同じものでもOK」と思いがちです。でも、製品によっては粒状のものは使用するうちに削れてくることもありますし、湿気などが原因で菌が発生していることも考えられます。ですので、できれば1カ月に1回を目安に定期的に交換するのが理想です。なお、使用済みの砂（粒）状の床材の廃棄方法は自治体によって異なります。ホームページなどで確認し、わからない場合は自治体の担当窓口に問い合わせましょう。

砂（粒）状の床材は、定期的に丸ごと交換したい。

36 ケージの掃除って必要なの？

見た目の美しさの維持や
菌の発生を防ぐため、
ケージは定期的に掃除する

ケージ内の掃除の必要性

あらためていうまでもなく、レオパは生き物なので、暮らしているケージの内部は時間の経過とともに少しずつ汚れていきます。そのままにしておくと見た目に美しくないばかりか、菌が発生し、それが原因でレオパが体調を崩してしまうこともあります。自分の部屋をまったく掃除しないという人はいないでしょうから、それと同じようにレオパの生活空間も定期的にきれいにしてあげたいものです。

POINT

● ケージは1カ月に1回を目安に定期的に掃除したい。

掃除の手順

シェルターなどの設置している器具を取り出したあとに、砂状の床材を別の容器に移す。

①器具を取り出す

ここでは砂状の床材を敷いたガラスのケージの掃除の手順を紹介しますが、床材やケージの種類による違いは少なく、基本的な手順やポイントは共通しています。

まず、ケージ内のシェルターや水入れを取り出し、レオパも別の容器に移します。次に床材も別の容器に移しますが、この機会に床材を丸ごと交換してもよいでしょう。

②洗剤で洗う

　キッチン用の洗剤で汚れを落とします。見た目のことを考えると、外側の側面もきれいにしたいので、状況に応じてキッチンや風呂場などで行なうのもよいでしょう。

　洗い終わったら、洗剤を水で流し、そのあとに水気をしっかりと拭きとります。

③消毒する

　菌の発生を予防するため、市販の消毒液でケージを消毒します。消毒が終わったら、キッチンペーパーや乾いた布などで消毒液をしっかりと拭きとります。

④器具を設置する

　床材を敷いたあとに、掃除をする前に取り出した器具をもとのように設置します。その後、レオパを入れたら掃除は終了です。

NG▶消毒液を拭き残さない

　基本的に市販の消毒液は少量が口に入ってしまっても生体には影響がないといわれています。ただし、注意するのに越したことはありませんので、使用したあとはしっかりと拭きとることが大切です。生体に影響がないことが実証されている爬虫類用の消毒液も市販されているので、不安があれば、そちらを使うのもよいでしょう。また、菌を除去するという意味では、熱湯で消毒するのも有効と考えられています。

37▶レオパとスキンシップをしたい

手のひらにのせて
スキンシップをはかるハンドリングは
適度に楽しむ

レオパの扱い方

　ひと言でいうなら、レオパを手で扱う際のポイントは「優しく扱うこと」です。

　ケージの掃除のために移動するときや病院で診てもらうときにはレオパを手で抱えることになりますが、その際に尾や足を引っ張ったり、強く握るのはNGです。レオパに強いストレスを与えてしまいます。

POINT
◉レオパは優しく扱う。

●触ったら手洗いを

　一方、レオパの人の体に対する影響はどうかというと、アレルギー反応の症例は犬や猫ほど多くはないようです。ただし、これはそもそもの飼育数が少ないことも関係していると考えられます。なかには軽く引っ掛かれただけで腫れるケースもあり、これはレオパのツメを構成している成分がアレルギーのもととなっているようです。いずれにせよ、衛生面を考慮して、レオパに触れたあとには手洗いをするのが基本です。

ケージからの出し方

ケージから出すためなどにレオパを持つときには、お腹側に指をまわし、優しく抱き上げるように持ち上げます。レオパが驚かないように、ゆっくりと持ち上げましょう。

レオパをケージから出すときは優しく抱き上げる。

NG▶足を引っ張らない

レオパを持ち上げる際に手足を引っ張ったり、握るような持ち方はしないようにしましょう。つい、やりがちなことですが、それほど強い力をかけなくてもレオパが驚いてしまったり、強いストレスを感じてしまうことになります。

捕まえる際に足を引っ張らない。

握るように持たない。

ハンドリング

レオパを手で扱うことをハンドリングといいます。広い意味では手でケージから出すこともハンドリングに含まれますが、一般的には飼い主側がスキンシップを目的として手のひらにのせることなどをさすことが多いようです。

レオパと一緒に遊びたい心情は理解できますが、多くの個体にとってハンドリングは「スキンシップができてうれしい」というものではなく、むしろストレスの原因になると考えられています。個体差があり、飼育者の考え方にもよりますが、ハンドリングは適度に楽しむこと。とくにレオパの食事前後のハンドリングは控えましょう。

ハンドリングは適度に楽しもう。

38▶一緒に暮らすレオパを増やしたい

繁殖を目的とする場合を除き、複数のレオパを一つのケージでは飼わない

複数飼う場合の考え方

レオパは自然環境下ではオス１匹に対してメスが数匹という、いわばハーレムのような状態を形成します。

オスは縄張りがあることから、２匹のオスを一つのケージで飼うとケンカをしてしまう可能性があります。では、メス同士ならどうかというと、レオパにしてみると同じ空間で暮らすメリットはなく、オス同士ほど可能性は高くはないもののケンカをしてしまうことがあるので、やはり一つのケージで飼うのは避けたほうがよいでしょう。

POINT
◉レオパは１ケージにつき１匹。

NG▶オスとメスも一緒に飼わない

オスとメスの組み合わせについても、考え方は同様で、普段は一つのケージで飼わないのが一般的です。オスがメスに必要以上に近づき、それがメスのストレスになることもあるようです。繁殖をさせたい場合は、その時期にだけ一つのケージで飼うようにします。

レオパを複数飼う場合は、レオパの数だけ、ケージを用意しましょう。

オスとメスの組み合わせでも、繁殖のためでなければ一つのケージで飼わないほうがよい。

39▶レオパが逃げ出してしまった…

逃げ出したことに気がついたら、あわてないことが大切。身を潜めていそうな場所を探す

逃げた場合の対応

レオパがケージから逃げ出してしまった場合は、まずあわてないことが大切です。レオパはインコのように空を飛べるわけではなく、猫のように俊敏なわけでもありません。ニホンヤモリのように垂直な壁を登れるわけでもないので、移動できる範囲は限られています。まずはその部屋から逃げ出さないように戸を締め、心を落ち着かせてから探しましょう。

●冷蔵庫の下などを探す

逃げ出したレオパがいる可能性が高いのは、自分の身を隠すことができる場所です。冷蔵庫の裏やテレビ台の下など、ちょっとした隙間を中心に探すとよいでしょう。折り畳んだ服の下に潜りこむこともあるようなので、部屋を部分ごとに区切って考え、その区切りのなかで置かれているものを整理をしながら、細かいところまで確認していくと早く見つけられるかもしれません。

逃げ出したレオパは、机の下などのちょっとしたスペースに身を潜めていることが多い。

NG▶見つけるために、あわてて動かない

レオパは基本的に平面を移動する生き物です。逃げ出した場合は、床付近を移動することになります。レオパを見つけるために、飼育者があわてて部屋のなかを動きまわると、レオパを蹴ってしまったり、踏みつけてしまうおそれもあります。これが落ち着くことが大切な理由の一つです。また、持ち上げたものを置く際にレオパを下敷きにしてしまわないようにも注意が必要です。

40▶レオパが机から落ちてしまった…

落ちても無事な場合はあるが、少しでも様子がおかしければ、すみやかに病院に

高いところから落ちた場合

レオパは高いところに対する恐怖心があまりないようです。ケージから出して机の上で遊ばせていたら落ちてしまったという話を耳にしたことがありますし、ケージから逃げ出して棚から落ちてしまったというケースもあるようです。ハンドリングをしている最中に誤って落としてしまうこともあるかもしれません。高いところから落ちた場合、どうなるかというと、高さが1m以下であれば、ケガをしないことも少なくないようです。それ以上の高さだと骨折する可能性は否定できませんし、状況によっては1m以下でもケガをすることはあります。高いところから落ちてしまったら、まずはレオパの様子を観察すること。少しでも普段と違うようであれば、すみやかに病院につれていきましょう。

NG▶殺虫剤は使わない

その他の普段の暮らしのなかで起こり得る問題として、レオパを飼育している部屋にゴキブリが出た場合の対応があります。思わず殺虫剤を使用したくなりますが、レオパがいる部屋で殺虫剤を使うのはNGです。レオパは体が小さいので、その影響を受けてしまうことがあります。コオロギをキープしているスペースも同様で、殺虫剤を直接吹きかけなくても、その影響でコオロギが死んでしまうことがあります。

MEMO 死んだ場合は…

レオパが死んでしまったら、その死体はどうすればよいのでしょうか？法律上は動物の死体は「廃棄物」とみなされます。自治体にもよりますが、一般的にはレオパの死体を燃えるゴミとして出しても法律上の問題はありません。ただし、実際は、大切な時間を一緒にすごした家族のような存在ですから、自宅の庭に埋葬する人が多く、最近はペット霊園を利用するケースも増えています。

第4章

レオパの健康を
確認しよう

レオパの健康状態は
「動き」「食欲」「排泄物」などで知ることができます。
大切なレオパに長生きしてもらうために
レオパの健康に関する知識も身につけましょう。

健康のチェックポイント

41 ▶ どうも調子が悪いみたい…

調子が悪いことに
早めに気がつくためにも
普段の動きや食べ方を観察しておく

レオパの健康の判断

レオパは爬虫類のなかでも丈夫で飼いやすいといわれています。とはいえ、もちろん他の生き物と同様に病気やケガと完全に無縁というわけにはいきません。

大切なレオパに健康に長生きしてもらえるように、飼育者はレオパの病気やケガに対しての正しい知識を持ち、適切な対応をしたいものです。

●普段から動きを確認しておく

明らかな外傷を除いて、レオパの体にどこか悪いところがないかを判断するための主な要素は三つ。動き、食欲、排泄物です。動きについては、本来、レオパは夜行性なので、昼間、あまり動かなくても体調には問題がないことが多いといえるでしょう。その一方で、就寝時に明かりを消して暗くすると、おもむろにゴソゴソと活動を開始する個体も少なくありません。保温器具として赤色の光を発するランプが市販されていますが、赤色の光はレオパが明かりとして認識しないと考えられているので、そのランプを利用すると暗いところで活発に動くレオパを確認できるかもしれません。ただし、なかには赤色の光を認識できる個体がいるという説もありますし、そもそも活発に動くかどうかも個体差があります。大切なのは、飼育しているレオパの普段の動きを知っておくことです。どこか悪いところがあると、あまり動かなくなりますし、動いたとしても足でしっかりと体を持ち上げずにゆっくりとした動作になります。レオパの健康状態を把握するためにも、元気なときの動きを確認しておきましょう。

市販の赤色の光を発する保温用のランプ。熱を発するので、設置する際には必要以上にレオパに近づけないこと。

POINT

●レオパの健康は「動き」「食欲」「排泄物」で判断する。

NG ▶ 驚いたときの動きで判断しない

　「ちょっと元気がないかな…」と思ったとき、手で触れてレオパが勢いよく動いたとしても「よかった、勘違いだった」と判断するのは、早合点かもしれません。というのも、それは驚いてあわてただけかもしれないからです。特別なときの動きではなく、普段の動きで判断することが大切です。

手で触れて動いても体調の判断材料には適さない。

●食べる様子もチェックする

　レオパは体調を崩すと食欲がなくなります。動きと同様に、普段からレオパの食事の様子をしっかり確認しておきましょう。体調を崩している疑いがある場合は、食べる量はもちろん、食べ方もチェックすること。食べるのに普段より時間がかかる場合は要注意です。また、生きたエサをケージ内に放す方法で給餌している場合は、スムーズにエサを捕まえられなければ、調子がよくない可能性があります。

ケージ内に生きたエサを放す給餌方法なら、エサを捕まえる様子も確認したい。

正常な便は固形である（写真の白い粒は砂状の床材）。

●排泄物は下痢などに要注意

　レオパは便と尿を同時に排泄します。とくに注意したいのは便で、基本的に正常な便は固形ですが、人間と同様に下痢気味であれば、どこか悪いところがある可能性があります。また、普段と色が違う場合や食べたものがそのまま出てきている場合も問題があることが多いので注意が必要です。ただし、コオロギの足やメスが卵を持っている場合の卵などはあまり消化されずに出てくることもあります。

病気やケガへの対応

　レオパの病気やケガへの対応で、飼育者が心得ておきたいのは、できるだけ早く異変に気がついてあげることです。「早くよくなってほしい」と願う飼育者としては、できれば自分で治療まで行ないたいところですが、そこはやはり専門家である獣医に診てもらったほうが賢明です。そのときに症状を正確に伝えられることは、より迅速かつ的確に治療をしてもらえることにつながります。その意味でも、飼育しているレオパの普段の特徴を知っておきたいものです。

第4章　レオパの健康を確認しよう【健康のチェックポイント】

42▶レオパの元気がないのだけれど…

寄生虫の可能性もあるので、レオパがいつもより元気がなければ、すみやかに獣医に診てもらう

注意したい病気

「うちのレオパ、最近、ちょっと元気がないのだけれど…」という場合、まず、最初に疑いたいのがケージ内の気温です。変温動物の爬虫類であるレオパは、気温が下がると、あまり動かなくなり、食欲も低下する傾向があります。

気温も含めてレオパの生活環境に問題がない場合は病気の可能性があります。レオパの活動の低下を招く、なりやすい病気には「クリプトスポリジウム感染症」や「クル病」などがあります。

●注意したい病気①
クリプトスポリジウム感染症

レオパが体のなかの寄生虫の影響で体調を崩すことは少なくありません。なかでも、よく見られるのがクリプトスポリジウムという寄生虫です。

クリプトスポリジウムにはいろいろな種類がいて、なかには人を宿主とするものもいます。レオパに寄生するものは2種類が報告されています。

クリプトスポリジウムによる症状としては、活動の低下や食欲不振、嘔吐や下痢などが挙げられます。進行すると、段々と痩せていき、やがては死にいたります。予防は難しく、今のところは特効薬も開発されていません。残念ながら死にいたることが多いのが現状です。体調不良がクリプトスポリジウムによるものかどうかは、動物病院の糞便検査で知ることができます。

MEMO 感染したら隔離する

クリプトスポリジウムは排泄物などから感染します。感染力が高いので、複数のレオパを飼育している場合には疑わしい個体はすぐに隔離すること。エサあげ用のピンセットなどの器具も共有しないようにします。

POINT

●レオパの活動低下や食欲不振を招く病気には「クリプトスポリジウム感染症」「マウスロット」「クル病」「腸閉塞」などがある。

●注意したい病気②
マウスロット

　細菌の感染によって起こる、口周辺の炎症をマウスロットといいます。マウスロットを罹患（りかん）したレオパは食欲がなくなったり、口の動きが不自然になります。また、口周辺にチーズのような膿（うみ）があったら、それはマウスロットの可能性が高いといえるでしょう。

　原因としては、不衛生な環境で口の内部を傷つけてしまったときなどになることが多いと考えられています。ですので、ケージを定期的に掃除し、清潔に保つことが予防につながります。

　マウスロットは抗生物質や消炎剤などの投与で治療することができるので、疑いがある場合は、すみやかに獣医に診てもらいましょう。

●注意したい病気④
腸閉塞

　腸閉塞は排泄物が腸に詰まってしまう病気です。腸閉塞になると、食欲が低下し、排泄もしなくなります。また、外見上はお腹がパンパンに膨れたようになります。

　床材を誤って食べてしまうと腸閉塞になることが多く、幼い個体、若い個体に砂（粒）状の床材を使用しないほうがよいのは、この腸閉塞を予防するという意味もあります。また、体温が低くなると、消化が進まず、それが原因になることもあります。ですので、やはりケージ内の気温を一定以上に保つことも予防につながります。腸閉塞になってしまった場合は獣医の指示を仰ぐこと。重い場合は手術が必要になることもあります。

●注意したい病気③
クル病

　クル病は人間にも見られる病気で、原因は骨をつくるカルシウムなどの栄養素の不足とされています。その結果、骨が正常に形成されずに、足の骨などが変形してしまいます。

　成長期や産卵期のメスによく見られ、見た目の症状としては、やはり元気がなくなったり、あまり食べなくなります。症状が重くなると、「足や腰などが曲がって歩けなくなる」「口を開いたまま閉じられなくなる」といった状態になり、死にいたる場合もあります。

　一度、変形した骨をもとに戻すのは難しいので、そうなる前にカルシウムをサプリメントとして与えるなど、バランスのよい食事で予防することが大切です。

MEMO
生殖器の
異常にも要注意

　すべての動物にとって生殖器も健康に注意したい部位ですが、レオパの生殖器の異常で多いのが、オスの生殖器であるヘミペニスが生殖行為後も、もとの状態に戻らなくなってしまうことです。これは脱ヘミペニスと呼ばれています。

　命には関わらないことが多く、基本的には数日ほど経過すると、もとの状態に戻りますが、もし脱ヘミペニスの状態が長期間に渡って続くようであれば、獣医に診てもらったほうがよいでしょう。

43▶脱皮したあとの皮が残っている…

脱皮したあとに古い皮が残っていると、その部位が欠損してしまうこともある。温浴で古い皮をとる

レオパにとっての脱皮

　レオパは定期的に脱皮をします。個体差がありますが、そのペースは成体で2週間〜1カ月に1回くらい。若い個体のほうがペースが早い傾向があります。

　脱皮が近くなると皮膚が白くなります。そして脱皮がはじまると多くは鼻の先から古い皮がめくれていき、レオパ自身が爪でひっかいたり、シェルターなどのケージ内に設置されているグッズに体を擦りつけるなどして脱皮を進めます。

　脱皮後の古い皮は自分で食べるケースがほとんどです（古い皮を食べながら脱皮を進めることもあります）。脱皮にかかる時間は個体差や状況によって大きく変わり、数分で終わることがあれば、数時間かかることもあります。

脱皮不全

　レオパの健康に関するトラブルのなかで、比較的、多いのが脱皮不全です。脱皮不全とは古い皮が体の一部に残ることです。古い皮が残っていると、その部分が締め付けられ、血液の巡りなどが悪くなって壊死してしまい、やがては欠損してしまうこともあります。

　古い皮が残ってしまうことが多いのが、尾などの体の先端部分で、とくに爪には注意が必要です。脱皮が終わったら、皮が残っている部分がないか、しっかりと確認しましょう。

ハンドリングをするなら、その際に脱皮不全を起こしていないかなど、レオパの健康状態も確認したい。

脱皮不全の原因

脱皮に大きく関係しているのがケージ内の湿度です。湿度が低い（空気が乾燥している）と脱皮不全を起こす可能性が高くなります。レオパの飼育では一定以上の湿度を保つことが重要ですが、その理由の一つが脱皮不全を予防するためです。なお、湿度が低いと、脱皮不全を起こさなくても、乾いた皮が小さくぼろぼろと剥がれることが多くなります。

POINT
◉脱皮不全を予防するためにケージ内の湿度を50％以上に保つ。

脱皮不全への対応

脱皮不全を起こして古い皮が残っている場合は温浴で対応するのが一般的です。

温浴は、まずレオパを無理なく入れられる洗面器を用意し、その容器にお湯を張ります。お湯の温度は30～35℃、量は該当の部位がちょうど浸かるくらいが目安です。お湯の量があまりに深いとレオパが溺れてしまう可能性があるので注意が必要です。

数分、お湯に浸けると残っている皮が柔らかくなるので、体の中心から外側（ツメの場合は足の付け根側からツメの先側）に向かって撫でるようにして皮をとります。優しく扱うのがポイントで、手で行なってもOKですが、不安なら綿棒を使いましょう。

お湯の量は該当の部位が浸かるくらい。

NG▶温浴の最中も気を抜かない

当然のことながら、お湯はそのままにしておくと温度が下がっていきます。レオパが温浴をしている間に水になってしまわないように気をつけましょう。水温をキープするためにケージに設置している保温器具を活用するという方法もあります。また、使用する容器によっては、落ち着きがない個体だと脱走してしまう可能性もあるため、あらかじめフタを用意しておくと安心です。

44▶レオパが目を開けない…

脱皮後の皮が目のなかに
残っている場合もある。
目に異物が入っていても無理は禁物

目のトラブルの原因

　目が開かない原因として、まず考えられるのが、何かの拍子に床材に使っている砂などが目に入り、目を傷つけてしまったことです。違和感や痛みがあり、目を開けることができないというわけです。脱皮不全で目に皮が残ってしまっていることも考えられます。

　また、ビタミンAなどの目の健康に必要な栄養素が不足した場合にも、目を傷つけてしまったときと同じような症状が見られることがあります。

POINT
◉原因には「砂や脱皮後の皮による目の外傷」「栄養素の不足」などが考えられる。

NG▶無理にとろうとしない

　脱皮不全の場合は、目をよく観察すると残った皮を目視できることもあります。「少しでも早く対応したい」と焦る気持ちはわかりますが、飼い主が、その皮をとろうとするのは懸命な判断ではありません。

　目はデリケートな部位ですし、レオパがじっとしてくれているとは限りません。他の症状と同様に、すみやかに獣医に診てもらうのが基本です。

目に異物があっても、無理にとろうとしてはいけない。

45 ▶ 食べたエサを吐いてしまった…

自分で食べる量を
うまくコントロールできずに
食べすぎで吐き戻すことも

吐き戻しの原因

基本的にレオパはお腹がいっぱいになるとエサを食べなくなりますが、なかには、そのコントロールがうまくできない個体もいます。食べすぎてしまったので口から戻す…。これが吐き戻しの原因の一つです。

また、エサを体のなかでうまく消化できない場合も、レオパは吐き戻します。とくに気をつけたいのは冷凍コオロギを使用する場合で、解凍しきれていないと、吐き戻すことが多くなります。もう一つ、ケージ内の気温が低い場合も、内臓がうまく働かずに吐き戻しにつながることがあります。

若い個体の食事の様子。食べすぎて吐き戻す個体は意外に多い。

吐き戻しの対応

冬の温度管理は食欲にも関係する。気温が低いと、エサを吐き戻すことがある。

レオパがエサを吐き戻した場合の対応は原因によって異なります。

食べすぎの場合は、しばらくエサを与えないこと。3〜5日ほどしたら、またエサを与えます。その他の原因については、当然のことながら、消化が悪いエサが原因である場合は消化のよいものを与えるようにし、ケージ内の気温が低い場合は25〜30℃に上げます。原因が特定できない場合は、すみやかに獣医に診てもらいましょう。

POINT
●吐き戻し対策としては「適量で消化のよいエサ」「適切な気温」などがある。

口や鼻から出血している場合は
レオパが誤って尖ったものを
食べてしまった可能性がある

出血の原因

　レオパの出血には、いろいろな原因が考えられます。いずれにせよ、獣医に診てもらいたいところですが、その際に出血をしている部位や考えられる原因などを伝えられたほうが診断や治療がスムーズになります。

　口や鼻から出血している場合には、口や食道、胃などをケガしている可能性があります。例えばエサを食べる際に何か尖ったものを誤って噛んでしまうと、ケガをして、そこから血が出ることがあります。また、レアケースではあるものの、エサのコオロギが体内でレオパを噛んでしまうこともあるようです。

●血便にも要注意

　食道や胃などのエサの消化に関係する部位からの出血は便に混じることもあります。なお、血便の原因には、その他にも腸炎などの病気が原因となることもあります。いずれにせよ、血便はレオパがトラブルを抱えている証拠なので、排泄物を処理する際にはしっかりと、その内容も確認しましょう。

排泄物を処理する際には、いつもどおりの便かを確認したい。

NG▶人間用の消毒液を過信しない

　レオパに限らず、ペットの病気やケガに対して人間用の薬を使用する飼い主がいるようです。病気やケガの状況や薬の種類にもよるので一概にNGとはいえませんが、基本的には人間用の薬をレオパに使うのはおすすめしません。例えば出血をともなうような切り傷を消毒したい場合、人間用のものを使うと殺菌作用が強すぎて、むしろ傷の治りが遅くなることがあるようです。薬についても、やはり獣医の指示のもとに使用するのが基本です。

47▶レオパのツメがないのだけれど…

ツメは脱皮時にとれることもある。ツメがなくても元気なら、あまり気にしなくてよい

ツメの欠損

　レオパの指の先にはツメが生えています。そのツメは小さく、つくりもそれほどしっかりしていません。脱皮不全を起こしたときや脱皮不全を起こさなくても脱皮のときにレオパ自身が誤ってとってしまうこともあるようです。ツメが根元からとれて欠損した状態を「ツメ飛び」「ツメ欠け」などといいますが、そのような場合は、残念ながらツメが再生することはありません。ただし、レオパの日常生活に支障をきたすことはなく、「個性の一つ」としてあまり気にしないベテランブリーダーもいるので、それほど心配しなくてもよいでしょう。

体の色の変化

　レオパは成長とともに体の模様や色味が少しずつ変化していきます。ですので、そのような変化が起きてもあわてる必要はありません。また、色味の鮮やかさについては、一般的には2歳くらいをピークに、歳を重ねるごとにくすんでいきます。許容範囲内で低めの気温で育てるとレオパの色がくすみやすく、高めの気温では色が鮮やかになりやすいという説もありますが、個体差もあることなどから一概にはその説が正しいとはいえないようです。

若い白色の個体。このような色の個体は成長すると、より純白に近くなることが多い。

MEMO 足の裏が赤くなっていたら低温ヤケドの可能性も

　レオパの足の裏やお腹の一部が充血したように赤くなっていたら、低温ヤケドを起こしている可能性があります。床材を敷いたケージの下にパネルヒーターを差し込む方法であれば、低温ヤケドの心配はほとんどありませんが、気になるようであれば、「下から温めるところとそうではないところをつくってあげているか」をあらためて確認しましょう。

48▶運搬中に悪くならないかが不安…

病院への運搬は気温に要注意。寒い季節には携帯カイロなどを使って暖かさを保つ

レオパの運搬

体調を崩したレオパによくなってほしいから動物病院へと運ぶのに、その途中でレオパの体調が悪化してしまったら、元も子もありません。

運搬方法については、普段、プラスチックのケージを使用しているなら、レオパを別の容器に移さずに運べることが多いでしょう。運搬中はレオパが安静を保てるように気を配ることが大切で、レオパを入れた容器があまり揺れないように注意します。また、揺れた拍子に水がこぼれないように、水入れはとっておきましょう。

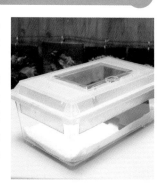

●冬の寒さに気をつける

病院への運び方で、とくに気をつけたいのが寒い冬の気温です。レオパは寒さに弱いので、運搬中も冷えてしまわないように気をつけましょう。携帯用のカイロを使うなど、状況に応じた工夫が必要です。市販のプラスチック製のカップを使う場合は、カップの底に木くずやキッチンペーパーを敷き、その下に携帯カイロをあてる方法などがあります。

容器には空気穴をあける。なお、携帯カイロを直接あてると低温ヤケドをすることもあるので注意が必要だ。

NG▶動物病院探しは「悪くなってから」では遅い

どんなに注意して飼育していても、レオパが病気になったり、ケガをしてしまう可能性があります。多くは獣医に診てもらうことになりますが、レオパを含めた爬虫類の診察や治療をしてくれるところは犬や猫ほど多くはありません。いざというときのために普段から信頼できる獣医を見つけておきましょう。

レオパの家族を
増やしたい

レオパを赤ちゃんから育てたい場合は
自宅で繁殖するという選択肢もあります。
繁殖を無事に成功させるには
クーリングなどの工夫が役立ちます。

49 ▶ レオパの家族を増やしたい

しっかりと面倒をみられるという覚悟があるのならレオパは自宅で繁殖できる

レオパの繁殖

レオパは大きなスペースを必要とせず、比較的、丈夫で健康な飼いやすい爬虫類です。愛嬌もあり、「レオパの家族を増やしたい」と思うのは自然な成り行きともいえます。レオパは爬虫類のなかでも繁殖をしやすい種で、自宅で繁殖をしているベテランブリーダーも少なくありません。卵から孵（かえ）ったばかりの赤ちゃんはかわいらしく、元気に成長していく様子を見るのはうれしいものです。繁殖をすると、レオパのことをもっと好きになるに違いありません。

●繁殖は覚悟が必要

ただし、レオパを自宅で繁殖することを簡単に決めてはいけません。

基本的にレオパは1匹につき一つのケージなので、飼育する分のケージが必要です。ケージが増えれば、それだけの器具が必要ですし、エサの量も掃除などの手間も飼育する数に応じて増えていきます。また、「レオパは繁殖しやすい」といっても、繁殖をきっかけに死にいたることもありますし、卵が必ず孵（ふ）化するとも限りません。それに、生き物には必ず死が訪れますから、レオパの飼育数が増えると、それだけ別れも多くなります。繁殖してもよいのは、これらの要素を考慮したうえで、「それでもレオパの家族を増やしたい」と思った場合だけです。

NG ▶ 販売してはダメ

レオパを含め、ペットの販売には自治体などへの登録が必要です。つまり、登録していない一般の飼育者は、レオパを売ってはいけないということです。

金銭の授与をともなわない場合は法的な問題はありませんが、必ずしも里親が見つかるとは限りません。

繁殖して増えたレオパは、飼育者が最後まで面倒をみるのが基本で、その覚悟がないなら繁殖はすべきではありません。

POINT
●レオパは繁殖しやすい爬虫類だが、繁殖は覚悟をもったうえで行なう。

繁殖の基礎知識（遺伝）

50▶どんな子どもが生まれてくるのだろう…

レオパの遺伝には
いろいろなタイプがあるので
子どもの色や模様は兄弟でも違う

レオパの遺伝

レオパの繁殖について、「この両親からどんな子どもが生まれてくるか」を事前に知るには、遺伝に関する知識が必要です。例えば皮膚が黄色のレオパと白いレオパを掛け合わせた場合、子どもの色は黄色のことがあれば、白いこともあり、場合によっては、まったく違う色のこともあります。

遺伝には優先遺伝や劣性遺伝など、いろいろなパターンがあります。一定の確率はあるものの、どのような子どもが生まれるかは誰にもわかりません。ベテランブリーダーのなかには、特定の色のレオパを得るために選別した両親で繁殖している人もいますが、それを実現するには専門的な知識が必要です。

●モルフは色などの系統のこと

レオパの繁殖に関係するものとして、よく耳にするのが「品種」と「モルフ」という言葉です。

品種とは、ある生き物のなかで、色などの特徴が次の世代も受け継がれるもののことです。イヌでいうとチワワやブルドッグなどが品種ということです。モルフは、人工的な交配で生まれた個体の色や模様などの特徴が、一つのタイプとして確立している系統をさします。日本語では「表現型」と訳されることが多いのですが、まだ新しい言葉で、人によって微妙にニュアンスが異なることもあります。

また、「コンボ」という言葉もよく使われますが、これは組み合わせという意味で、いくつかのモルフを掛け合わせたものを「コンボモルフ」といいます。

MEMO **兄弟で色が違う**

レオパは春が繁殖のシーズンで、1シーズンにつき3〜5回、産卵します。1回の産卵で産む卵は2個なので、1シーズンにつき6〜10個の卵を産むことになります。生まれてくる子どもは遺伝の問題があるので、兄弟でも色や模様が異なることがあります。

第5章 レオパの家族を増やしたい【繁殖の基礎知識（レオパの繁殖＆遺伝）】

51 ▶新しいレオパを迎え入れたい

新たにレオパを迎え入れる場合は
信用できるショップで
個体の健康を確認してから選ぶ

レオパの迎え入れ

　それまでレオパを1匹で飼っていた場合、自宅で繁殖をするためには新しい個体を迎え入れることになります。

　その際には、対象の個体の健康状態をしっかり確認することが大切です。健康状態がよくない個体だと、あまり健康ではない子どもが生まれてしまう可能性がありますし、そもそも生殖行為をしてくれないことも考えられます。

個体の確認

　個体でまず確認したいのは尾です。健康な個体は尾が太く、しっかりとしています。また、下の説明のように皮膚に異常がないことなども確認します。

尾
健康な個体の太さの目安は首と同じくらい。細いと体調を崩している可能性がある。

足
移動するときにしっかりと体を支えているかを確認する。

顔
目や口の周りにケガをしていないかを確認する。

皮膚
脱皮不全を起こしていて古い皮が残っていないかを確認する。あわせて外傷がないこともチェックしよう。

MEMO

メスは1歳半から

　生殖には若い個体は向かず、オスは1歳以上、メスは1歳半以上の個体が適しています。とくにメスについては注意が必要で、体が大きくても、若いと産卵に耐えられるほどの体力が備わっていない可能性があります。

飼育環境の確認

　新しいレオパを迎え入れる際には、個体の健康状態だけではなく。それまで、その個体がどのような環境で飼育されていたかも確認する必要があります。

　環境が大きく変わると、レオパにストレスを与えてしまうことになるので、当初はできるだけそれまでと同じ環境で飼育し、それから徐々に飼育者のスタイルに慣らしていきます。

POINT

● 迎え入れ当初は次のような点を確認し、できるだけ、それまでの環境に合わせる。
- □ エサの種類と与え方
- □ 温度と湿度
- □ 使用していたケージと床材

●個体の情報も確認する

　飼育環境に加えて、その個体の出自などの情報も確認しておきましょう。レオパの色や模様は隔世遺伝することもあるので、その後も繁殖を続けることを考えると、とくに親に関する情報は重要です。また、成長期の個体を導入する場合は、順調に成長している個体を選びたいので、成長期間（年齢）とサイズも確認したほうがよいでしょう。

誕生日にはお祝いをしてほしいな

NG ▶「その場限り」と思わない

　レオパの購入先との付き合いは、レオパを受け渡すときの、その場限りではないことが多くなります。購入直後のレオパの体調が優れないようであれば、まず相談したいのが購入先ですし、その後もいろいろな情報を交換することになるケースが少なくありません。信用できるところから購入しましょう。

　なお、環境省のホームページには動物取り扱い業者を選ぶときのポイントが掲載されています。レオパに関する内容を要約すると右のようになります。

【ショップ選びのポイント】
- ● 広告は適切に行われているか。
- ● 店内に登録番号が記入された標識を提示してあるか。
- ● スタッフは名札（識別票）をつけているか。
- ● 購入する前に飼い方や健康状態などの説明はあったか。
- ● 排泄物などで施設が汚れていたり、悪臭がしていないか。

52▶繁殖の成功率を高めるには？

レオパは繁殖活動を春に行う。
繁殖の成功率を高める方法としては
クーリングなどがある

繁殖の準備

　オスとメスを一つのケージで飼育すれば、それですぐにメスが卵を産むというわけではありません。レオパには発情期がありますし、オスとメスの相性も関係します。

　健康な卵を産ませるための工夫もあるので、繁殖に成功したいのであれば、正確な知識を身につけることが必要です。

繁殖のための工夫

　レオパの発情期は春です。3～4月がその時期に該当します。個体の健康を最優先で考えるなら、発情期にオスとメスを引き合わせることになります。ただし、それだけでは交尾をしなくて、卵を産まないことも少なくありません。

　そこで、きちんとレオパが交尾をするために、飼育者はいろいろな工夫したほうがよいことになるのですが、その代表的なものがクーリングです。

　クーリングとは冬のケージ内の気温を少し低めに設定することです。レオパは自然環境下では冬に気温が下がるところに生息しているものもいます。その環境に近づけることで、本能に基づく活動である生殖行為を促すというわけです。

　クーリングを行うのは12月くらいから。その後、春が近づいてきたらケージ内の気温を基本の25～30℃に戻します。

MEMO 気温は20℃

　クーリングのやり方は次の通りです。

①12月になったら、徐々にケージ内の気温を下げていく。クーリング中の気温は20℃が目安。

②2月中旬までケージ内の気温を20℃くらいに保つ。中～下旬から徐々にケージ内の気温を上げる。

③3月になったら、オスとメスを引き合わせる。

●クーリングは健康な個体に

クーリングはレオパに負担をかけることになるので、そもそも健康な個体にしか向きません。オス、メス、ともに尾が十分に太い個体を選びましょう。

クーリング中の食事については、いろいろな考え方があります。「クーリング中はエサを与えない」というベテランブリーダーがいる一方で、「レオパが食べたい分だけあげる」という考えもあります。どちらを選ぶかは飼い主次第ですが、いずれにせよ、気温が下がると自然とレオパは食欲がなくなるということは覚えておきましょう。

クーリング中はエサをあまり食べなくなる。

NG▶気温を急に下げない

クーリングの際にはケージ内の気温を急に下げないように気をつけましょう。急に下げるとレオパが体調を崩してしまう可能性が高くなります。10日〜2週間くらいかけて、普段の25℃くらいから20℃くらいに下げます。これはクーリング明けの気温を高くする際にも共通しています。

気温の下げ方としては、レオパの生活区域と保温器具との距離を調整する方法やケージの設置場所を玄関先などの気温の低い場所に移す方法などがあります。

●食事を抜く

産卵の確率を上げる方法で、クーリングよりも手軽なのが「レオパの食事を抜く」です。お腹がすいて、ちょっとした命の危機を感じると、「子孫を残そう」という本能が働くようです。

やり方はシンプルで、オスとメスを引き合わせる直前の期間、レオパにエサを与えないようにします。期間の長さは4日〜1週間が目安です。

POINT
●レオパの繁殖の成功率を高める方法として「クーリング」や「食事抜き」などがある。

53▶繁殖期には何をするの？

オスとメスを一つのケージで引き合わせて交尾を促す。交尾したら産卵床を用意する

産卵までの経緯

　春になり、レオパの繁殖期を迎えたら、オスとメスを一つのケージで引き合わせます。どれくらいで交尾をするかはケースバイケースです。レオパのコンディションの問題などもあるので、すぐに交尾しなくてもあきらないこと。時間が経過すると交尾をすることもあります。

　交尾をして、メスが受精すると、卵をつくるために食欲が増し、交尾から2週間〜1カ月ほどすると卵を産みます。

引き合わせ

メスをオスのケージに移しているところ。この方法なら新たなケージを用意しなくてよい。

繁殖用に新たにケージを用意して、そこにオスとメスを移動してもよい。

　レオパの交尾を促すためには、一つのケージでオスとメスを引き合わせることになりますが、その際にはオスのケージにメスを移す方法、メスのケージにオスを移す方法、新たにケージを用意してオスとメスを移す方法という三つの方法があります。

　結論からいうと、引き合わせについては、どの方法でもOKです。ただし、性別ごとに特有の臭いがあるのか、オスのケージにメスを入れると、交尾を終えてメスをもとのケージに戻しても、オスが発情したままになってしまうこともあります。その一方で、メスよりもオスのほうが生殖に関してはデリケートで、オスをメスのケージに移動すると、環境に馴染めずに交尾をする確率が低くなることもあるようです。

　どの方法でもOKなのは、いろいろな考えがあり、一概にどれが正解とはいえないからです。交尾がうまくいかないようであれば、この点を見直してみてもよいかもしれません。

交尾のためのケア

オスとメスのコンディションや相性などがよければ、この引き合わせから、あまり時間が経たないうちに交尾をはじめる。

NG▶長期間は一緒にしない

基本的に繁殖のためにオスとメスを一つのケージで飼育するのは交尾前後の1〜2日にしましょう。オスとメスがずっと一緒にいると、オスが必要以上にメスに手を出し、それがメスのストレスになってしまう可能性があります。

オスとメスを一つのケージに入れると、はじめはお互いに戸惑うことが多いようです。そして、しばらくすると、オスは尾を激しく震わせてメスにアプローチするのが一般的な流れです。メスにその気があれば、自分の尾を持ち上げて、やがて交尾がはじまります。

ただし、オスがアプローチをしないことがあれば、アプローチをしてもメスが受け入れない場合も少なくありません。その場合は、すぐに判断しないで、一晩は同じケージで過ごさせます。飼育者にしてみると、交尾をしたかどうかを確認するために、ずっとケージを見ているわけにはいかないので、その後は、一度、オスとメスを別のケージに離して、数日〜1週間後に、また引き合わせるとよいでしょう。

なお、より受精の確率を高めるための工夫として、交尾を確認したあとでも、数日〜1週間後に同じペアを引き合わせるベテランブリーダーもいます。

産卵までの動き

受精したメスは食欲が増します。カルシウムのサプリメントなどを使い、産卵に必要な栄養素を摂取できるように気を配りましょう。

受精していた場合は、交尾から10日ほどすると、うっすらとお腹に卵が透けて見えるようになります。そして、交尾後、2週間〜1カ月で卵を産みます。

MEMO 産卵床をつくる

自然環境下においては、メスは土に穴を掘り、そこに卵を産む習性があります。それに近い環境を整えるために、受精を確認したら、卵を産む場所となる産卵床をつくるのが一般的です。産卵床は、レオパがちょうど入るくらいのプラスチック製の密閉保存容器にレオパが通れるくらいの大きさの穴をあけ、なかに適度に湿らせたミズゴケを敷いてつくるのがポピュラーです。敷くのはミズゴケ以外に、赤玉土やバーミキュライトやパーライトなどの園芸用の用土でもOK。それらはホームセンターなどで入手できます。

54▶卵を産んだのだけれど…

卵はミズゴケなどを敷いた
孵卵用のケースにて26〜36℃で管理。
上下逆さまにしない

卵が孵化するまで

レオパのメスは1シーズンに1回しか受精しません。99ページで紹介したように、その1回の受精で、3〜5回にわけて6〜10個の卵を産みます。

産卵床が気に入れば、そこに卵を産みますが、状況によってはケージの隅などに産むこともあります。

卵を見つけたら、すみやかに取り出し、孵卵用のケースに移します。

孵卵用のケースを用意する

レオパの卵を孵化させるには、適切な温度と湿度で管理することが必要です。そのため、孵卵用のケースを用意して、そのなかに卵を入れて孵化するのを待ちます。

孵卵用のケースとしてよく利用されるのは、市販のプラスチックケースです。底にミズゴケなどを敷き、その敷いたものを水で十分に湿らせます。そして、フタや側面に穴をあけたら、孵卵用のケースは完成です。

卵を見つけてからあわてることがないように、あらかじめ準備しておきましょう。

孵卵用のケースの一例。プラスチックケースにミズゴケを敷いている。ミズゴケ以外に赤玉土やバーミキュライト、パーライトなどの園芸用の用土でもよい。卵を入れる際はミズゴケを十分に湿らせ、フタや側面に穴をあける。

NG ▶卵は上下逆さまにしない

レオパの卵には上下があり、上下を逆さまにすると孵化しない確率が高くなります。卵を見つけたら、上下がわからなくならないようにマジックペンなどで印をつけることをおすすめします。孵卵用のケースに移す際には、その印を目印として上下が逆さまにならないように気をつけましょう。

卵の管理

自宅内に気温が高いところがなければ、レオパ用の保温器具を利用するという選択肢もある。

鳥などと違い、レオパの親は卵を温めません。孵化させるのに適した気温は26〜36℃。気温の変化が少ない場所が理想です。その条件にあてはまる場所で孵卵用のケースを管理すれば1〜2カ月で孵化します。よい場所が見つからなければ、レオパの保温器具を利用するという方法もありますし、市販の爬虫類用の孵卵器を利用してもよいでしょう。

POINT
◉卵は孵卵用のケースに入れて26〜36℃で管理する。

MEMO
レオパの性別は気温で決まる!?

レオパには卵が置かれている周囲の気温によって、生まれたときの性別が決まる「温度依存性決定」という特性があるとされています。レオパの孵化に適した気温は26〜36℃くらいですが、その範囲内で低い場合、あるいは高い場合はメスになるようです。

レオパの温度依存性決定

卵の周囲の気温	生後の性別
26℃	メス
32〜33℃	オス
34〜36℃	メス

繁殖後のケア

産卵後のメスは安静を保つ。ハンドリングなどは避けたほうがよい。

産卵は体力を消耗します。産卵を終えたメスは痩せてしまうことが多く、その回復に時間を要します。3年連続で産卵をするのは避けたほうがよいでしょうし、個体によっては2年連続でも体力の面で厳しいことがあります。

55▶赤ちゃんの育て方のコツは?

幼体は少し高めに気温を設定。生まれてはじめての給餌は孵化してから3日後が目安

レオパの孵化

卵が孵化するまでの期間は、卵を管理している環境によって変わりますし、そもそも個体差があります。短いものでは産卵から1カ月、長いものでは2カ月くらいで孵化します。

孵化がはじまるとレオパは頭から胴の順番に卵から出てきます。孵化に要する時間は数十分から数時間です。なお、幼体の健康面を考慮して、幼体が自力で卵の外に出てくるまで飼い主は触れないようにするのが基本です。

孵化後のケア

幼体はプラスチック製のコンパクトなケージで飼育する人が多い。

レオパが卵の殻から出たら、そのまま孵卵用のケースで一晩、過ごさせます。そして翌日に飼育用のケージに移します。

飼育用のケージは温度の管理をしっかりとできるものであれば種類を選びませんが、床材にはシート状のものを使ったほうがよいため、コンパクトなものを選ぶ人が多いようです。

NG▶誤飲しそうなものを入れない

幼体の飼育でとくに気をつけたいのは、幼体がエサ以外のものを誤って食べてしまうことです。シート状の床材を使ったほうがよいのは、砂（粒）状の床材は幼体が食べてしまう可能性があるからです。

孵化後、しばらくのケア

孵化後のケアについて、食事は、しばらくの間は給餌する必要はありません。通常、レオパは孵化の1〜3日後に生まれてはじめての脱皮をし、脱皮した皮を食べます。エサは、その脱皮のあとに与えるのが基本です。

MEMO 脱皮に気づかないことも

レオパは脱皮したあとの皮を食べるので、脱皮に気がつかないこともあります。はじめての食事は「脱皮をしてから」が基本ですが、必要以上にそれにこだわらず、脱皮を確認できなくても、孵化から3日ほど経過したらエサを与えましょう。

●幼体はきめ細かい管理を

幼体は成体よりもデリケートで、きめ細かいケアが必要です。気温は25〜30℃、湿度は50％以上がレオパに適した環境の目安ですが、幼体は気温、湿度ともに成体よりも少し高めで管理しましょう。

食事の頻度は成体よりも多く、毎日、もしくは2日に1回、エサを与えるようにします。なお、エサの大きさは小さめのものを選びます。コオロギであればS〜Mサイズがよいでしょう。

●食事は個体に応じて工夫する

幼体にしてみると、目に入るすべてのものが新鮮で、怖く感じるのでしょう。動くものを怖がることが多いので、ピンセットを使って給餌することをおすすめします。あるいはコオロギのように跳びはねない、ミルワームもよいでしょう。その一方で、あまり動きのないものに興味を示さない個体もいます。その場合は後ろ足をとったコオロギをケージ内に放すなどして対応します。

また、コオロギの触覚は捕食の邪魔になるので、とくに幼体はできるだけとって給餌しましょう。いずれにせよ、幼体の食事は、個体の好みに応じて工夫してあげることがポイントです。

コオロギの後ろ足や触覚はとってね

POINT
●幼体の飼育はきめ細かく。
●エサは個体の好みに応じる。

おわりに

　私は子どもの頃から生き物が大好きでした。

　最初に飼ったのはカメです。小学校5年生のときに両親にプレゼントしてもらいました。中学生になると熱帯魚も飼うようになりました。その頃のお小遣いでは購入できる熱帯魚は限られていましたが、私にとっては、かけがえのない宝物で、一生懸命に世話をしました。

　生き物好きは大人になっても変わらず、トカゲも飼育したいと思うようになり、レオパの近縁種のニシアフリカトカゲモドキを飼うようになりました。そして、ある日、ニシアフリカトカゲモドキの飼育のために爬虫類の雑誌に目を通していると、ふと、ある爬虫類が目に止まりました。

　それがレオパです。

　それはちょうど、「私が大好きな生き物との暮らしを望む方のお役に立ちたい」とショップを開店したのと同じ頃。ニシアフリカトカゲモドキよりもポピュラーなレオパは飼育のための情報も多く、「まだ飼育したことはないけれど爬虫類と暮らしたい」という方にピッタリですから、ショップでレオパを扱うことを迷わず決めました。

　レオパがペットとして国内で広く普及するようになったのは1980年代になってからです。

　飼育されるようになってからの歴史は犬や猫などよりも短く、例えばレオパへのエサの与え方にしても、いろいろな考えがあります。まだ、絶対的な正解が確立されていないのが実情です

　本書はレオパの飼育のポイントを紹介していますが、じつは「飼育しているレオパの個性に合わせる」という発想も大切です。そのためには、やはり

普段から自分が飼育しているレオパのことをよく知っていなければいけません。そして、もし、レオパの様子がいつもと違うようであれば、原因を分析して、そのようなことを繰り返さないようにすることが求められます。それが、あなたとあなたが飼育しているレオパにとっての適切な飼育法になります。

　また、書籍のなかでお伝えできること、飼育者がレオパの健康のためにできることには限りがあるのも事実です。体調を崩したようであれば、すみやかに獣医に診てもらうことも大切です。

　もう一つ、飼育者の都合を考慮することも忘れてはいけないと思います。例えば温度計（湿度計）について、本書では「必ずしも設置する必要はない」と紹介していますが、それは温度や湿度を過度に気にしてしまい、それがストレスになっているお客様をお見受けすることがあるからです。大切なレオパのために、最適な環境を整えてあげることは大切ですが、それが飼育者のストレスになってしまうと、やがてはレオパの飼育自体も楽しくなくなり、レオパのケアがおざなりになってしまうおそれもあります。レオパのためにするべきことと飼育者の都合でできないことのバランスを保つこともレオパを飼育するうえでの重要な要素です。

　あらためてレオパについて考えてみると、私のショップに足を運んでいただいているレオパを飼育しているお客様とは、とてもよい関係が築けている印象があります。お客様と楽しくお話しするにつれ、「レオパとの暮らしは本当に素敵だな」と再認識しています。

　皆様もどうか充実した「レオパライフ」を過ごせますように。

アクアマイティー　宮崎　剛

【監修者】爬虫類専門店　アクアマイティー

神奈川県横浜市にある爬虫類ショップ。代表取締役は宮崎剛。2010年の開業以来、レオパを主軸として取り扱い、常時10種以上のレオパを揃えている（レオパの自家繁殖もしている）。店舗にてレオパの飼育に必要な基本的な器具はすべて購入可能。また、レオパ以外の爬虫類も豊富で、最近はビカクシダなどの観葉植物にも力を入れている。

http://aquamyty.ocnk.net/

■制作プロデュース：有限会社イー・プランニング
■編集・制作：小林英史（編集工房水夢）
■撮影：眞嶋和隆
■イラスト：山本雄太
■DTP/本文デザイン：松原卓（ドットテトラ）

「レオパ」飼育バイブル
専門家が教えるヒョウモントカゲモドキ暮らし 55のポイント

2020年 1 月25日　第1版・第1刷発行
2024年10月20日　第1版・第6刷発行

監　　修　　アクアマイティー
発 行 者　　株式会社メイツユニバーサルコンテンツ
　　　　　　代表者 大羽 孝志
　　　　　　〒102-0093東京都千代田区平河町一丁目1-8
印　　刷　　株式会社厚徳社

ご意見・ご感想はホームページから承っております。
ウェブサイト　https://www.mates-publishing.co.jp/

企画担当：堀明研斗